新阅读
NEW BOOK
READING

PICTURES AND DRAWINGS

Interesting
Math
趣味数学

总策划/邢 涛　主 编/龚 勋

汕頭大學出版社

数学！你看见它就头大？
嘘——先别急着下定论……

我要理财，选择哪种存款划算？我要旅游，怎么看地图？我要榨一杯新鲜的果汁，怎样才能香浓？我要分蛋糕给同学们，怎样才能平均分？我要……

你的这些问题都是小CASE啦！都可以用神通广大的数学搞定！

我做了一个长方形的收纳箱，想知道它的体积是多大。我还想玩商场的大转盘中大奖，可大奖却总是遥不可及。

这些在数学面前，还能算问题吗？现在，我就能轻轻松松帮你解决！

你是不是也有过类似的**疑问**？

都解决了吗？

或许，你会告诉我：

"哪有这么容易！"

没关系，**数学**能帮我们分分钟搞定！

你去蛋糕店买蛋糕，看见蛋糕店的姐姐三下五除二就把摊开的大纸板叠成一个漂亮的**长方体**蛋糕盒，这门绝活你想学吗？

你的QQ好友只有20个，可是你的同桌居然告诉你他的QQ好友数是你的**3倍**。
你知道该**加多少**好友，才能和他的好友**一样多**吗？

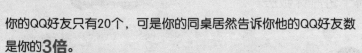

班长跟你借了10元钱，他在备忘录上写着"同学—**10元**"
你可别认为他连一个"**欠**"字都不会写，这样会被同学笑掉大牙的！

数学**无处不在**，一不留神，就会给你出难题。
然而，你却不能远离数学，否则，它会让你寸步难行，
还谈什么去旅游，谈什么中大奖，谈什么合理存款呢？
但是只要你**勤动脑，爱思考**，
数学就会赐予你神奇的力量，
让你把这些看似头大的问题轻而易举地**攻破**！
到时候，你就成了一名"**数学天才**"，无往而不胜啦！

目录
Contents

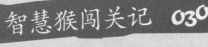

天宫里的蟠桃工厂
● 了解十进制计数法 ●

法力无边的神仙，还有做不到的事情？

"肉眼凡胎"的人类，竟然创造了仙境奇迹？

想知道天宫里发生的奇闻吗？

请慢慢往下看吧！

天宫里的爆炸性新闻

对于天宫来说，今天绝对是一个特别的日子。无论是喜欢凑热闹的，还是不喜欢凑热闹的，甚至是那些深居简出的神仙，此时统统出现在蟠桃园，把蟠桃园的大门挤得水泄不通。难道发生了什么爆炸性事件？原来，是蟠桃工厂开业了。

在雷鸣般的掌声中，嫦娥总经理穿着现代职业女装优雅地飘落在演讲台前："众位仙家，小仙很感激你们在百忙之中抽出时间来参加我们蟠桃工厂的开业庆典。我们工厂将秉持高质量、高效率、优质服务的原则，搞好各项工作，欢迎广大仙家踊跃订购新鲜的蟠桃。我在这里郑重承诺，凡是在本月订购蟠桃的顾客，一律享受8.5折的优惠。谢谢！"

"哇，以后每天我们都可以吃到蟠桃喽！"

"是啊，以前一年都未必能吃到一次呢！"

"蟠桃工厂怎么一下子就提高了那么多的产量呢？"

"据说是引进了人类研制的一种高产化肥，超厉害！"

"还有这事儿？"

……

"咳，咳……"众神仙正在议论纷纷，就听一直坐在主席台上的王母娘娘咳了两声，大家立刻安静下来。

只见王母娘娘缓步走到台前，似乎有点无奈地说："唉，人类现代科技的发展真是了得，我们拥有如此仙力，也只能让蟠桃树一万年结一次果，数量还很少。可如今，嫦娥仙子告诉我，她从人类手里接手的工厂一年生产的蟠桃足够所有仙家吃两年的。看来，以后这蟠桃园用不着我操心了。为了表示我对嫦娥的支持，我决定，从今年开始，蟠桃大会上的蟠桃由各位仙家提供。以往我为了蟠桃的事儿没少操心，今后我也该享享清福了。好了，我说完了。"

嫦娥恭敬地向王母娘娘行了一个礼，说道："谢谢娘娘的大力支

持，小仙一定不负众望，将蟠桃园产业做得越来越大。现在我宣布开业仪式结束，请各位仙家入园参观吧！"

蟠桃园内，一片丰收的景象，一个个红灯笼似的蟠桃挂满枝头，让人看了都忍不住咽口水。

馋嘴的猪八戒早已口水直流，他忍不住问道："嫦娥仙子，我能现在买蟠桃吗？"大家一看猪八戒的样子，顿时哄堂大笑。

嫦娥仙子也忍不住微笑道："天蓬元帅，很感激你对我工作的支持，只是这蟠桃还没有完全成熟，还要等几天才能采摘。你到时可以打电话向我订购，我会派人送到你的仙宅。"

"好吧！那我老猪就再等几天，到时一定要吃个够。"

猪八戒的这番话又引来一片笑声……

头要炸掉了

几天后，到了采摘蟠桃的时间，嫦娥派工人们到蟠桃园采摘，很快，采摘的蟠桃就堆了近半个仓库。为了便于出售，嫦娥让工人们将这些蟠桃清点一下。

没想到这让工人们犯难了，看着堆成小山似的蟠桃，工人们哭丧着脸说："嫦总，我们数数只会数到9，怎么清点如此多的蟠桃呢？"

"嗯，"嫦娥想了想，说，"这样，伸出你们的双手，当数到第9个蟠桃时，再加上1个，让蟠桃的数量和你们的手指数一样多，然后把这些蟠桃放入一个袋子，就可以了。"

"好的！"工人们齐声答道，然后马上开始行动了。

"1，2，3，4，5，6，7，8，9，再加一个，这是1袋。"一个工人

轻声数道。

"1，2，3，4，5，6，7，8，9，加一个，和手指一样多，这是1袋。"另一个工人数道。

工人们按照嫦娥教的方法，把蟠桃一袋袋地装了起来。

几个小时后，几乎所有的桃子都装袋了，可这些袋子堆起来看着仍然有点零乱，正好旁边有几个大箱子，嫦娥便又说："大家还是按照刚才的办法，数装满蟠桃的袋子，当袋数和手指数一样多时，就放入一个箱子。这样既省地方，又可以满足大客户的需求。"

工人们马上又按照嫦娥的吩咐干了起来，没多久，所有的蟠桃都整理好了，或装入袋子，或装入箱子，还有一些散放的，以便零卖。

小玉兔初显身手

蟠桃整理工作刚刚完成，络绎不绝的订购电话就打了进来。

"喂，嫦娥仙子，我是天蓬元帅，蟠桃现在已经成熟了吧？我要订1袋蟠桃。"

"好，天蓬元帅，1袋。"

"我是赤脚大仙，我要2袋6个蟠桃。"

"好，赤脚大仙，2袋6个。"

"我是弥勒佛，我要4袋3个蟠桃。"

"弥勒佛，4袋3个。"

……

没过多久，接电话的嫦娥就记得手发软了："哎哟，这记录也太麻

烦了吧？腰酸背痛手抽筋，我都快不会写字了！小玉兔，快过来帮我捶捶背！"

小玉兔一边帮嫦娥捶背，一边想："有没有简单点儿的记录方法呢？"只见她眼珠子一转，马上有了好主意："主人，我想到办法了！以后你记录时，先写袋的数量，再写个的数量，然后把'袋'和'个'字省略。比如2袋6个，就写成'26'，这样写起来不就简单了吗？"

"嗯，写数字可比写汉字容易多了。不过，这该怎么读呢？"嫦娥问道。

"呃——"小玉兔想了想，说，"我们就把'袋'读成'十'，'个'不用读出来。比如26，就读成二十六。"

"那1袋该怎么写？"嫦娥又问。

"1袋代表1袋0个，写成'10'。像这样袋数是1的，可以不读一，直接读成'十'，如'17'，不要读成一十七，要读十七。"小玉兔解释道。

听了小玉兔的话，嫦娥恍然大悟："哦，我知道了，原来比9多1的数是10呀！1，2，3，4，5，6，7，8，9，10，我们终于可以数全手指了！小玉兔，你真的太聪明了。"

嫦娥激动得在小玉兔的额头上狠狠地亲了一口，弄得小玉兔害羞极了。

大腕的手笔

自从采用了小玉兔的办法，嫦娥记录起来轻松多了，也快了许多。可接了几个大腕的订购电话后，嫦娥又开始忙乱了……

"我是太白金星，我要1箱蟠桃。"

"好，太白金星，1箱。"

"我是菩提老祖，我要1箱5袋7个蟠桃。"

"好，菩提老祖，1箱5袋7个。"

"我是太上老君，我要3箱2袋1个蟠桃。"

……

> 菩提老祖，
> 1箱5袋7个

> 太上老君，
> 3箱2袋1个

> 太白金星，
> 1箱

一上午过去，嫦娥就累得呼天抢地了："哎哟哟，真是有得必有失呀！这样的大腕级客户绝对难求，可如此记账，我非得累断手腕不可。"

小玉兔连忙安慰嫦娥道："别急，主人，我觉得这个也可以采用我之前教给你的方法。只是这回你要按照箱、

袋、个的顺序来记录，然后同时省略'箱''袋''个'三个字就可以了。比如1箱5袋7个，就写成157。"

"那1箱是不是就是1箱0袋0个，要写成100？"嫦娥问。

"完全正确。这里的'箱'我们可以读成百，'100'读成一百，'157'读成一百五十七。"玉兔说。

"嗯，不错，10个是1袋，读十，10袋是1箱读百，那如果是10箱呢？"嫦娥问。

"读千好啦，10个千就读万，10个万读十万……运用这种方法再大的数都能记录下来！"小玉兔兴奋地说。

嫦娥一脸仰慕地看着小玉兔，认真地说道："哇，太神奇了，以后我一定要好好向你学习！"

大圣怒斥小玉兔

"喂，你们怎么搞的？我要的明明是3箱6个，你竟然给我送来3袋6个？是在耍俺老孙吗？"

此时，齐天大圣府里，孙悟空正在大发雷霆，因为蟠桃工厂送过来的蟠桃比他预订的少了许多。

小玉兔一看送货单，上面写着36，知道肯定是嫦娥总经理粗心记错了，连忙向孙悟空道歉："大圣，实在抱歉，是我们不小心记错了数字。真是不好意思，我们马上回去把不足的货物给您补全。请您大人不计小人过，给我们一次改过的机会吧！"

孙悟空见小玉兔这么诚心认错，也不好再小题大做，便说："好吧！这次就算了，下次如果再出现这样的错误，看我不大闹蟠桃园！"

小玉兔见形势有所缓和，赶紧下保证道："大圣放心，我们一定认真检讨，下不为例。"

孙悟空斜躺到座位上，不耐烦地说："去吧！尽快把我的货物补齐，耽误了俺老孙参加蟠桃大会，有你们好看的！"

小玉兔连连点头，然后赶紧带领工人离开大圣府，以最快的速度回到了蟠桃工厂。

嫦娥一看小玉兔灰头土脸地回来了，不解地问："怎么了？是不是那孙猴子又无理取闹了？我找他算账去！"

小玉兔摇摇头："这回不是人家无理取闹，而是咱们真的没理了。你自己看送货单有啥问题吧！"

嫦娥疑惑不解地接过单据，一看上面写着36，问道："3袋6个不对吗？"

小玉兔说："当然不对，人家要的是3箱6个。"

嫦娥更加迷惑了："3箱6个不就是3箱0袋6个的意思吗？0袋就是没有，写不写应该都没关系吧？"

"如果3箱6个用36表示，那我来问你，3袋6个呢，怎么表示？"小玉兔追问道。

"呃，好像也是36呀！"嫦娥有点茫然了。

"就是呀，这样一来工人怎么区别是箱还是袋呢？肯定会出错呀！这在数量上有很大区别呢！所以在记录整数时，绝对不能忽略0这个数字。比如530，就一定不能写成53，这是完全不同的概念。"小玉兔严肃地说。

嫦娥没想到自己的一个不在意竟然弄出这么大的错，连忙好声好气地哄小玉兔："好玉兔，我知道了，下回一定不会这样粗心大意了。大圣肯定在等着我们把货补齐吧？我马上让工人送去。"

小玉兔连忙说："哎呀，光顾着跟你讲道理了，差点儿把这等大事给忘了。大圣可说了，如果送晚了，就大闹我们蟠桃园！大圣可是说话算话的。"

嫦娥也说："嗯，为了表示我们的歉意，我决定多送一袋给他，这样他应该就不会那么生气了。"

小玉兔赞赏道："主人，你蛮有经商头脑的嘛！很懂得搞好顾客关系哦！相信我们的生意一定会越做越大的！"

"那是必须的！"嫦娥自信地说。

尾声

蟠桃大会如期召开了。众神仙纷纷带着从蟠桃工厂订购的大箱小袋的蟠桃赴宴，大会上的蟠桃简直快堆成小山了。玉皇大帝和王母娘娘都惊呼："此乃奇观也！"

① 什么是十进制计数法?

十进制就是我们常说的"逢十进一"。相邻的两个计数单位之间的进率是十的计数方法叫作十进制计数法。故事里的箱、袋和个计数采用的就是十进制计数法。

② 为什么要学习十进制计数法?

数字是我们生活和学习中经常碰到的,如果我们像故事中的工人那样只会数到9,那么遇到数量较多的事物时就无法计数了,而学习了十进制计数法,就可以轻松解决各种计数问题。

③ 十进制计数法有哪些计数单位?

最常使用的计数单位从低到高依次为:个、十、百、千、万、十万、百万、千万、亿。计数单位的关系为10个一=十,10个十=百,10个百=千,10个千=万,10个万=十万……以此类推。

只有十进制一种计数方法吗?

除了十进制计数法,还有二进制、七进制、八进制、十二进制、十六进制和六十进制等多种计数方法。其中,二进制主要用于计算机方面;月和年之间运用的是十二进制,每12个月为1年;钟表的时间运用的是六十进制,60秒为1分,60分为1小时。

都是巨款惹的祸
● 识记亿以内的大数 ●

一下子拥有那么多财富，哈里为什么反而发愁了？

一个小小的"0"，到底能惹出怎样的祸端？

这到底是怎么回事？

请往下看吧！

一夜变成穷光蛋

哈里是绿光镇一家布匹店的老板。这家布匹店是镇里唯一的，所以，一开张就有很多顾客排队光顾。

"老板，给我来1米粉红色的布！"

"嗯，我这把尺是用厘米计量的。1米好像是10厘米，嗯，应该是。"哈里一边念叨着，一边扯好布，递给顾客。

"什么？1米就这么少？老板，你这儿难不成是黑店？"顾客一看哈里递过来的布，发怒了。

"啊？少了？那是100厘米——"一看顾客仍然瞪着眼睛，哈里立刻改口道，"不，应该是1000厘米，我马上扯给你。"

旁边几个爱占便宜的顾客一看哈里把1米当成1000厘米来算，立刻起了坏心眼。"老板，我要10米蓝布！""我要20米紫布！""我要30米！""我要40米！"……

就这样，没几天哈里的布就卖个精光。哈里美滋滋地回到家，把妻

子和儿子小贝德叫出来，让他们帮忙算账。结果，一算才发现：这些天不但没有赚钱，还赔了一大半！

"怎么会这样呢？明明生意很好呀！"哈里觉得不可思议。

"爸爸，你的布怎么卖得这么快呢？"小贝德问。

"我的那些顾客都很有钱，每人至少买1米，还有好多买10米、20米的呢！这当然卖得快！"哈里回忆道。

"可你的尺是用厘米计量的，你是怎么量的布呢？"小贝德又问。

"我就按1米等于1000厘米量的呀！"哈里说。

"天哪！爸爸，你整整多给人家900厘米呀！1米应该是100厘米才对！"小贝德快晕过去了。

哈里一听立刻沮丧起来，这都怪他之前不好好学数学，才导致了今天的局面！这下好了，他现在的钱只够买几匹布的，还欠店面的房租没给呢！他彻底破产了。就在哈里万分沮丧的时候，一个好消息传来，有人在F城发现了宝藏，哈里决定去那里碰碰运气。原本小贝德要跟着去的，可在出发前几天他不小心摔伤了腿，哈里只好雇用聪明又会算账的查尔德跟他一起前往，很快，两人就出发了。

可怕的数字

功夫不负有心人，在历经了七七四十九天的寻找之后，哈里终于打开了一扇财富之门。面对闪闪发光的金山、银山，哈里先是激动得尖叫连连，但很快便发起愁来。哈里只会数1000以内的数，眼前这么多的金币、银币、珠宝该怎么数呢？

还是查尔德聪明！他根据十进制计数法，数了10个1000后在1000的后面多加了1个0，然后数出10个10000，再加1个0……按照这种办法，三天三夜后，哈里和查尔德终于数完了所有的财宝。查尔德是这样在账本上记录的：金币1000000枚，银币3000000000枚，珠宝500000串。

哈里一看这么多0，顿时感到头晕目眩，他问查尔德："伙计，你写的数是多少呀？怎么读？"

查尔德挠挠头，说："老板，我也不会读，只知道应该这么记而已。我看您就数有多少个0好了。"

无奈，哈里只能数0的个数来记自己的财产了。哈里一边数，一边记："金币，1，2，3，4，5，6个0；银币，1，2，3，4，5，6，7，8，9个0；珠宝，1，2，3，4，5个0……"

为了防止自己忘记，哈里在回城的路上一直都在念叨着0的个数。此时的查尔德面对巨额财富，已心生贪念，听到哈里的念叨，查尔德马上有了主意："老板，您记错了，金币应该是5个0，银币是8个0，珠宝是4个0。"

"哦？是吗？看我这记性！金币5个0，银币8个0，珠宝4个0……"哈里马上改口道。

查尔德见自己成功糊弄了哈里，心里窃笑不已，中途又趁机将账本上的每个数字都擦掉了一个0，这样就可以天衣无缝了。

回到绿光镇后，哈里任命查尔德为自己的大管家，并把仓库的钥匙交给他，让他负责把所有的财宝都装进仓库里，严加看管。而哈里呢？他兴奋地与亲戚邻里一连庆祝了几天几夜。就在这段时间，查尔德偷偷地将哈里少记的那些财富一批批地运回了自己的家中，藏了起来。

一天，哈里忙完家里的事情，带着儿子小贝德来到仓库参观。一进仓库，哈里就觉得有些不对劲，不禁喃喃道："咦？怎么感觉每堆都小了许多呢？"

"爸爸，你觉得有什么问题吗？"小贝德看出父亲的不对劲，问道。

"我觉得现在的财宝好像比我们在宝藏那儿看到的少了。"哈里说。

"哦？那原来有多少财宝呀？你知道吗？"小贝德问。

"我不知道那应该怎么算，我只知道金币是1后面有5个0，银币是3后面有8个0，珠宝是5后面有4个0。"哈里说。

"是呀，是呀！老板，账本上也是这样记的，绝对不会有错。"一

旁的查尔德连忙递过账本，插话道。

小贝德看出了父亲的疑惑，从父亲手里拿过账本，想看看是否有什么问题。他看着账本上那么多的0，又发现每个数字后面都有涂改的痕迹，马上就猜出了七八分。

小贝德扭过头，问查尔德："这里为什么有改动的痕迹？"

"哦，那是我一不小心写错了。"查尔德有些紧张地说。

"不是后来改的？"小贝德追问道。

"不，当然不是！"查尔德连忙摇头。

善良的哈里见儿子连连追问查尔德，忙解围道："儿子，估计是我记错了，我相信查尔德不会骗我的！"

小贝德又看了看查尔德，没有再说话。很快，哈里就带着儿子离开了仓库。查尔德擦了擦额头上的冷汗，回到家后，雇了几辆大马车拉着财宝连夜逃离了绿光镇。

小贝德化繁为简

哈里得知查尔德离开绿光镇后，意识到其中必有问题，连忙带着家人一起到仓库清点财宝。一边清点，小贝德一边告诉父亲："爸爸，我觉得我们以后记账时最好不要用那么多0了，那样不但麻烦，还容易记错。"

"那应该怎么记呢？"哈里问。

"嗯，我们知道1000叫千，根据十进制计数法，我们可以再给10个千起个名字，比如叫万。"小贝德想了想说。

"那10个万呢？"哈里问。

"10个万当然是十万，10个十万叫百万，10个百万叫千万，10个千万叫——"小贝德迟疑了一下说，"叫亿吧。"

"这个办法太好了！那天数到千以上我就不知道该怎么办了，还是查尔德告诉我数0的计数方法的呢！"哈里说。

"数0的计数方法没有错，可是，爸爸你知道吗？差一个0就差10倍的东西呢！我怀疑查尔德肯定从中做了手脚，要不然他干吗逃跑？"小贝德说。

哈里叹了口气，无奈地说："唉，这都要怪我笨，才让人趁机占了便宜。算了，这些财富也够咱们花几辈子的了。"

"嗯，就记住这次教训吧！"小贝德说。

"对了，儿子，那这账本上的数到底是多少呢？我还有点儿迷糊！"哈里头疼地指着账本上的数问儿子。

"这个简单，你首先要记住从右边起每个数字依次对应的是'个、十、百、千、万、十万、百万、千万、亿，然后一一对应着读

就可以了。比如123460000，就可以读作一亿二千三百四十六万，末尾的几个零不用读出来。再比如300000000，只有亿位对应的数字是3，其他数字都是0，所以读作三亿就行了。"

"原来一个'亿'就可以代替8个0呀！这真的太神奇了！"哈里兴奋地大叫。

"是的！'万'可以代替4个0，'十万'代替5个0，依此类推，'亿'可以代替8个0。爸爸，这回你知道自己的财产了吧？"小贝德说。

"嗯，我知道了，我有3亿银币，10万金币，5万珠宝。"哈里认真地回答道。

清点完所有的财宝之后，小贝德找来一个个大箱子，将财宝分别放了进去。他在每个箱子上贴上标签，写上财宝的数额，这样以后清点起来就方便多了。

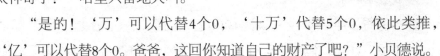

到底哪个多

再说查尔德从绿光镇逃跑后，再也不干活了，整天大吃大喝，大肆挥霍财富，还染上了赌博的恶习。没过几年，他就将家产挥霍得一干二净了。

此时的查尔德不愿意再靠劳动赚钱了，一心想着如何在一夜之间暴富。思来想去，他想起了哈里仓库里的财宝，便心生歹念，决定去偷盗。回绿光镇前，查尔德特意找来撬锁师傅，学习了撬锁本领。

一天夜里，查尔德悄悄地回到绿光镇，直奔哈里家的仓库。为了不引人注意，这次他没有带马车来，而是只身前来。他很轻易地就撬开了

仓库的大门，只见仓库里摆放着无数个大箱子，每个箱子都上了锁。他没有时间一一打开箱子检查里面的东西，只好根据外面的标签来猜箱子里财宝的多少。

查尔德并不认识万、亿等数字，只会数0。他见标签上面写着100万，1亿，10万，1000等数，不解地嘟囔道："这么大的箱子就装这点儿东西，难道他们家也破产了？"

查尔德看了半天都没发现比1000还大的数，只好扛起了那个标记1000的箱子。谁知，他刚走到仓库门口，就见小贝德带着警察来了。原来，小贝德为了防止有人进仓库偷盗，在大门上安装了报警系统，查尔德一进仓库，哈里家就收到报警信号了。

查尔德一边试图挣脱警察的钳制，一边嚷道："放开我，他们家这点儿钱我才不稀罕偷呢！穷鬼！"

小贝德笑着问："你不稀罕偷那来我家仓库干什么呀？"

查尔德说："我原以为你家有很多钱呢，没想到竟然是空架子，每个箱子里只装那么几个钱，最多的才1000。早知道这样，我才不稀罕来呢！"

"哈哈，我告诉你吧，1000那箱是最少的！万、亿可比千多多了。"小贝德不禁大笑道。

查尔德一听顿时傻了眼："啊？我拿的竟然是最少的？万、亿能表示很大的数？不可能！"

"当然可能！你只靠数0的办法计数已经不合适了，有机会还是好好学学数学吧！"小贝德认真地说道。

就这样，贪婪而又自作聪明的查尔德终于受到了惩罚。

① 怎样读万、亿这样的大数？

先如下图那样将数字与数位相对应，然后对应读即可。

亿	千万	百万	十万	万	千	百	十	个
1	2	0	0	4	0	0	0	0

在读这样的大数时，可以从右边数，每四位分为一节，每节末尾的0不管有几个都不用读出来；其余的0一定要读，如果有连续几个0，只读1个即可。如上面的例子，既不能读成一亿两千四万，也不能读成一亿两千零零四万，而应该读作一亿两千零四万。

② 如何比较大数的大小？

比较大数的大小时要先统一为以万、亿为单位，或统一为阿拉伯数字。然后先比较位数，位数多的比位数少的大；位数相同的从最高位比起，对应数字大的数就大，反之就小。

我国古代亿以上的大数计数法

东汉时期的《数述记遗》中记载着我国古代亿以上的大数计数方法有三个体系：一是上法，为自乘系统，即万万为亿，亿亿为兆，兆兆为京；二是中法，以万递进，即万万为亿，万亿为兆，万兆为京；三是下法，以十递进，即十万为亿，十亿为兆，十兆为京。

赫拉复国记
● 负数的作用 ●

赫拉国王简直倒霉透了！

自己的国家被人瓜分了不说，还得为人家攻下更多的地盘！

他为什么会沦落至此？

事情是这样的……

盛极一时的赫拉王国

"什么？小小的潘多拉王国竟然敢违抗本王的命令？"赫拉王国的国王斯科奇的怒吼声几乎让整座宫殿颤了一颤。

丞相萨尔本被这吼声吓得浑身发抖，但还是壮着胆子说："陛下，这一次不仅潘多拉王国拒绝割地给我们，还有雅典王国、哈德斯王国、波塞冬王国……都不愿给我们土地了。他——他们——"

"他们怎么啦？说！"国王斯科奇命令道。

"陛下，微臣觉得他们有联合起来对付我们的倾向，我们应该提早做好防备才是！"丞相萨尔本说。

"哼！我堂堂赫拉王国，岂有怕他们这些小国之理？谅他们也不敢造次！"国王斯科奇自信满满地说。

"可是，陛下——"丞相萨尔本的话还没说完就被斯科奇的吼声打断了："可是什么可是，还不快给我征地去！你告诉他们，再不尽快割地，休怪我率大军灭了他们！"

"是，陛下！"丞相萨尔本无奈地退了下去。

几日后，国王斯科奇正在殿内享用美食，丞相萨尔本慌慌张张地跑了进来："陛下，大事不好啦！"

"什么事？你竟然如此慌张！"国王斯科奇很不高兴有人打搅了他用餐。

"陛下，他们真的造反了！"丞相萨尔本气喘吁吁地说。

"他们是谁？"国王斯科奇喝道。

"就是潘多拉王国和那些常被咱们割占土地的王国啊！陛下，快下令出兵吧！我好不容易才从那里逃了回来，估计他们的大军很快就要到我们的王国啦！"丞相萨尔本说。

"你通知莫顿将军立刻点齐100万兵马与我到边境迎战！我今天非灭了他们不可！"国王斯科奇下令道。

当斯科奇率领大军来到边境时，就见前方黑压压的一片全是人马，原来各国联军已经来了，正在部署作战计划呢！

两军一碰面，连句招呼都没打，当即混战在一起。从实力来看，如果一对一单独比拼的话，哪个王国的实力都不如赫拉王国强大，这也是各王国长期以来受到赫拉王国欺压的原因。可是，如今近十个王国联合起来一起攻打赫拉王国，所谓猛虎斗不过群

狼，没几天的工夫，赫拉王国的土地就被各国瓜分殆尽，国王斯科奇被活捉，关进了大牢里。

命运之神的惩罚

曾经不可一世的国王斯科奇一夜之间沦为了阶下囚，这真是莫大的耻辱。然而，命运之神似乎并不打算这样就放过曾经嚣张跋扈的斯科奇，又给了他更大的惩罚……

一天，潘多拉国王来到了斯科奇被关押的大牢。

"哈哈，我尊敬的陛下，没想到你也有今天呀！真的太令人同情啦！"潘多拉国王得意地笑道。

"成王败寇，今天本王栽到你们手里，任由你们处置！不用这样冷言冷语地嘲笑人！"斯科奇愤怒地说。

"你当然任由我们处置啦！不过，我可舍不得就这么杀掉你呀！"潘多拉国王阴险地说。

"你到底想怎样？"斯科奇不安地问。

"哼！当初你只要一句话，就把我们辛苦打拼而来的土地给割占了！对于你的蛮横霸道，我们还要装出一副心甘情愿的样子！今天就让你尝尝被人勒索的滋味！"潘多拉国王恨恨地说。

"我的土地不是已经被你们割占完了么？我现在哪里还有土地给你们呀？"斯科奇说。

"那你就去别的王国夺呀？给你一个月的时间，如果你不能交给我一座城池的话，我就让你尝尝十大酷刑的滋味！"潘多拉国王恶狠狠地威胁道。

"可是，凭我一个人，怎么——"斯科奇有些心虚地问。

"放心！我知道你没有那么大的本事，所以我会派一支部队帮你的！"说完，潘多拉国王拿出笔在斯科奇的战袍上画了1个圆圈，然后转身走了。

潘多拉国王刚走，雅典国王也来看斯科奇了。他刚刚听到潘多拉国王威胁斯科奇为自己攻打城池，便也想趁机分一杯羹。他对斯科奇说："当初你凭借强大的武力，胁迫我们王国割地给你，今天终于轮到你了！我也不多要，你只要给我弄来2座城池，咱们的恩怨从此一笔勾销！"临走前，雅典国王在斯科奇的战袍上画了2个圈。

斯科奇莫名其妙地看着战袍上的圆圈，正不知如何是好，丞相萨尔本来了，他可一直是斯科奇的得力助手。

斯科奇指着战袍上的圆圈说："他们真奇怪，攻城就攻城呗！干吗

在我的衣服上画圆圈啊？"

萨尔本躬身说道："陛下，他们这是在提醒你，不要忘记欠他们的城池！"

斯科奇说："我最讨厌别人弄脏我的衣服了，还画这么难看的圆圈，真是没文化！"

萨尔本知道斯科奇有洁癖，尤其爱护自己的战袍，便说："陛下，我帮你把欠他们的东西记录在本子上吧！"

"嗯，好！然后帮我把这难看的圈圈擦掉。"斯科奇说。

只见萨尔本拿出一个记录本，在上面写道：潘多拉-1，雅典-2。

这是什么东西

斯科奇看了一眼记录本，忍不住问道："-1，-2是什么东西？"

萨尔本解释道："我觉得如果是别人给我们东西的话，就应该做加法。但现在是我们欠别人，应该做减法，所以就用了这种写法。"

"哇，丞相，本王以前一直没发现你竟然这么聪明呢！"斯科奇惊讶地说。

"陛下，您过奖了，微臣只是突发奇想而已！"萨尔本谦虚地说。

"对了，那这个数字应该怎么读呢？是不是应该读成欠1、欠2呀？"斯科奇问。

"欠1、欠2？这个听起来不太舒服。欠也是负的意思，我们不如把它读成负1、负2。"萨尔本说。

"嗯，丞相所言极是！如果本王有机会复国，一定推广这种计数方

法！"斯科奇认真地说。

"就你还想复国？"斯科奇刚想和萨尔本讨论一下复国大计，一个人走了进来。原来是哈德斯国王，只见他一脸鄙视地看着斯科奇，过了好一会儿，才继续说道："我劝你现实点吧！你现在不仅一无所有，还欠下了一屁股债，竟然还异想天开地谈什么复国呢！"

"你不要太小瞧人！"萨尔本忍不住反驳道。

"哈哈，好，本王不小瞧你！那你就先给我弄来3座城池，让我瞧瞧你到底有多少能耐！"哈德斯国王说。

"你们这些人根本就是趁火打劫、落井下石！"萨尔本实在忍无可忍，气愤地大骂道。

斯科奇一把拉过萨尔本，说："好，我答应你！请你不要为难我的属下！"

"只要你能满足本王的要求，本王自然会大人不计小人过啦！"哈德斯国王说完，拿起笔就要往斯科奇的战袍上画。

"停！"斯科奇眼疾手快，连忙制止道，"不要往我身上画圈圈了。我们自己会记录下来，答应你的事就不会忘记！"

萨尔本虽然很生气，但还是在本子上写下了：哈德斯－3。

"咦？这是什么符号？"哈德斯国王好奇地盯着本子上那些带"－"的数字。

"这是欠你东西的意思！"萨尔本没好气地说。

"哈哈，这个时候还有心情琢磨这个东西！赶紧想想你们到底欠了多少债，还有怎么还吧！"说完，哈德斯国王大笑着离开了大牢。

哈德斯国王走后，默克忒尔、阿尔忒密斯、波塞冬三个王国的国王也先后到来，他们变本加厉地勒索斯科奇，要的城池越来越多。默克忒尔要4座城池，阿尔忒密斯要5座，波塞冬要的最多——6座！

实施复国大计

波塞冬国王走后，斯科奇看着本子上记录的数字头都大了："萨尔本，你赶紧算算，我们欠了多少座城池了？"

"呃，陛下，用'－'的这种算数我也没算过！等我想想。"萨尔本为难地说。

只见萨尔本在本子上列出－1－2－3－4－5－6，他盯着这些数字看了好半天，发愁地说："都是减法，哪里够减呀？"

"你不是说－1代表我们欠一座城池，－2代表我们欠两座城池，那加起来不就是欠3座城池么？"斯科奇提醒道。

"哎？对呀！我们计算时直接将后面的数字相加，然后在结果的前

面加上表示欠的'－'，就表示所欠的总数了！"萨尔本恍然大悟道，"嗯！我们一共需要攻打21座城池！"

"哈哈，负数这么新奇的东西我们都能搞定，复国又有什么难的！萨尔本，你想办法传令给莫顿将军，让他做好复国准备！"斯科奇说。

"陛下，我们还是先想办法还人家城池吧！否则连性命都难保呀！"萨尔本忧心忡忡地说。

"这个本王心里有数！他们答应过本王会提供兵马攻城的，而我们的兵马正好可以趁这个时机休养生息，等待反击。"斯科奇自信地说。

很快，潘多拉与其他各国准备好兵马，派斯科奇率军出征了。斯科奇不愧为王国霸主，尽管遭遇如此大的挫折，可打起仗来仍然是无人能敌。不到一天的工夫，就将邻国最大的一座城池攻了下来。

捷报传回，丞相萨尔本高兴地直拍手，说："陛下果然神勇！21座去掉1座，还剩20座城池要攻打！"

萨尔本边说边用笔在本子上写道：-21-1=20。

"咦？好像不对！按我们之前的算法这个算式应该得-22才对，可事实上，现在还欠20座城池呀？"萨尔本不禁自言自语道。

萨尔本挠了挠头，想了想又说："难道应该写成-21+1？-21表示欠的数量，1表示得到的数量，21-1=20，得到的1比欠的21少，所以结果还应该表示为亏欠。嗯，对，应该这样写！"说着，萨尔本在本子上记录道：-21+1=-20。

接下来的日子，斯科奇的军队简直是攻无不克，战无不胜，一天有时甚至能拿下好几座城池。到第十天的时候，斯科奇军队已经攻下22座城池。丞相萨尔本得知这个消息，兴奋地在本子上写道：-21+22=1

"哇，陛下万岁！现在我们不仅还清了所有的欠账，还拥有了一座属于自己的城池！"萨尔本的声音几乎要穿透那个送信人的耳膜。

此时，潘多拉国王和其他国王正美滋滋地等待斯科奇双手奉上城池呢！谁知，斯科奇不但没有如他们所愿——一座城池也没有划分给他们，还趁机率大军攻打回赫拉国。

毫无准备的各国国王听说斯科奇的大军已经攻破赫拉国的大门，顿时惊慌失措，不知如何应对。

尾声

斯科奇大军与赫拉国内莫顿将军率领的军队里应外合，没几天就将各国势力驱逐出境，赫拉王国又复国了！斯科奇接受了这次灭国的教训，从此变得勤政爱民起来。当然，他也没有忘记推广和丞相萨尔本一起研究出来的负数！

❶ 什么是负数和正数？

为了表示两种相反意义的量，我们把–1，–0.8，$-\frac{2}{3}$这样的数称为负数。读的时候把"–"读成"负"即可。同时，我们把以前学过的所有不带"–"的数字，如11，1.4，$\frac{3}{8}$，称为正数。正数的前面也可以加"+"，读成"正"。但习惯上，一般会省略掉正数前面的"+"。0既不是正数，也不是负数。

❷ 负数有什么用？

负数的用途很广泛，既可以表示故事中所说的亏欠，也可以表示温度，如–1℃，表示零下1摄氏度。此外，负数还被用于表示事物在海平面以下的海拔高度，如吐鲁番盆地的海拔高度为–155米。又比如，我们把向北走定为正方向，那么向南走就是负方向。总之，当我们设定一个数值为标准时，那么低于这个数值的或与它相反的事物就可以用负数来表示。

负数的历史

早在2000多年前，我国就有了正负数的概念，并掌握了正负数的运算法则。三国时期的学者刘徽首先给出了正负数的定义，而《九章算术》中最早提出了正负数加减法的法则。不过，当时的正负数是用算筹（由小棍或象牙制成）来表示的。现在通用的负数表现形式直到20世纪初才形成。

智慧猴闯关记

● 认识奇数、偶数、质数和合数 ●

名气太大也不是好事？

这不，智慧猴就因为太出名了，竟引来祸端。

异国频频飞来挑战书，

且看智慧猴如何化险为夷……

出名引来的祸端

在庞大的动物王国中，存在着许多独立的小国，11国，22国，33国，44国等。智慧猴是11国有名的数学专家，对于数学问题无所不通。11国国王曾几次派人请智慧猴到王宫内当一名御用数学师，都被智慧猴婉拒了。

智慧猴拒绝国王特聘之事，让智慧猴的名气更大了。很多人都慕名前来拜他为师，就连邻国22国也有很多人被吸引过来，大嘴猫就是从22国来拜师的。为了满足越来越多学习者的愿望，智慧猴干脆在全国各地都开设了教学班，每周都要去各地巡游讲学。这真是动物王国最轰动的大事了！

有一天，22国国王把本国的数学师聪明狐找了来，问道："我听说，邻国11国有一个叫智慧猴的数学专家非常厉害，你了解他吗？"

"哼！那都是别人帮他吹的，我才不信他有多厉害呢！"聪明狐不服气地说。

"我倒不这么觉得！你赶快派人帮我把他请来，我有好多问题要请教他呢！如果表现得好，我就任命他为军师。"国王认真地说。

"陛下，我——"聪明狐刚要再说些什么，就被国王用手势打断了，只好气呼呼地退了下去。

聪明狐回到住处后，越想越不服气，自己在22国已经服务很多年了，可国王从来没有说过要提拔他当军师。没想到这可恶的智慧猴一出现，国王就要破格提拔，真是太可气了！可国王的命令聪明狐又不能不听，怎么办呢？思来想去，聪明狐决定想小法阻止智慧猴见到国王。

聪明狐的挑战书

这一天，智慧猴刚从外地讲学回来，就收到一封从22国寄来的快件。打开一看，里面装的竟然是一张挑战书。上面的内容大概是：聪明狐要向智慧猴挑战数学，谁输了就要拜对方为师。智慧猴向来不愿与人争锋，所以原不打算接受聪明狐的挑战，可聪明狐一连下了好几道战书，说的话也一次比一次难听。最后，一直跟随在智慧猴身边的大嘴猫坐不住了："师父，他这样污蔑你，即便你不想跟他争什么，也该给他点儿教训呀！"

"嗯，他确实该吸取点教训！好吧，大嘴猫，你是22国人，对那里的地

形比我熟悉，这次就跟我一起走一趟吧！"智慧猴说。

"好的，师父！"大嘴猫应和道。

经过几天的长途跋涉，智慧猴和大嘴猫终于来到了聪明狐与他们约定的地点——一座城堡前。令智慧猴和大嘴猫没想到的是，聪明狐并没有出现。他们只好走进城堡，看看聪明狐是否在里面。

智慧猴和大嘴猫走进城堡才发现，这座城堡原来是一个迷宫。他们走着走着就来到了一个岔道口，这里有三条通往不同方向的走廊。智慧猴正在思考走哪边时，听见大嘴猫喊："师父，你看这是什么？"

智慧猴顺着大嘴猫指的方向，低头一看，只见地上莫名其妙地写着几个数：1□5 7 9 11 13 15 17 19。智慧猴想了想，马上朝写着"3"的那条走廊走去。

大嘴猫连忙跟上智慧猴的脚步，不解地问："师父，你为什么选这条路啊？"

智慧猴说："我发现，刚才的那组数都是奇数，而且除了1和5相差4，剩下相邻的两个数都相差2，那1和5之间必然有个数和它们各相差2，这个数只有3。我觉得聪明狐就是通过这道题来暗示我们选择的路线。"

"那万一不是暗示怎么办？"大嘴猫质疑道。

"应该不会！聪明狐找我来的目的就是为了和我比试，而他没有出现，估计是不想与我正面交锋，所以想出这个办法来考我！路上你要小心，不要乱碰东西，以防有机关！"智慧猴说。

"哦！我知道了。"走着走着，大嘴猫突然惊讶地说，"咦？师父，前面的地板上好像有数字！"

"不要踩上去！等我看看再说。"智慧猴一把拉住走在前面的大嘴猫说。

智慧猴发现地板上的数字既有奇数也有偶数，他正琢磨其中有什么规律时，大嘴猫尖叫起来："啊？不好，有炸弹！"

智慧猴顺着大嘴猫的视线看过去，只见从房顶飘下来一个黑色的球体。智慧猴想，如果真的是炸弹，躲也来不及了，索性眼睛一眨不眨地看着那个球体缓缓往下飘落。突然，智慧猴发现球体上有字，便抓住球体下面的绳子一把将它拉了过来。

"师父，你不要命啦！"大嘴猫吓坏了。

球体并没有爆炸，智慧猴也看清楚了上面的字：奇数+1=？

"咦？他也没告诉我们具体是哪个奇数，怎么算呀？"大嘴猫问。

"咱们也不用给出具体答案呀！任何奇数加上1肯定是偶数！这只要

一画坐标轴就可以看出来了。注意了，走路的时候只准踩写有偶数的地板，千万别碰写有奇数的地板！"智慧猴说。

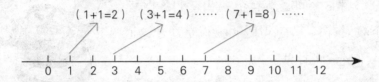

$$（1+1=2） \quad （3+1=4）\cdots\cdots （7+1=8）\cdots\cdots$$

$$0 \quad 1 \quad 2 \quad 3 \quad 4 \quad 5 \quad 6 \quad 7 \quad 8 \quad 9 \quad 10 \quad 11 \quad 12$$

致命密码

智慧猴和大嘴猫踩着写有偶数的地板，果然安全地走了过去。他们继续往前走，很快看见一道紧闭着的大铁门，在铁门的旁边有一个密码锁，键盘上的数字分别是57，37，58，99。

智慧猴和大嘴猫正在想密码会是什么时，头顶传来一阵大笑声："哈哈，智慧猴，考验你的时刻到了！这道门的密码就是键盘上所有的合数。我给你55秒钟，只要你能选出所有的合数，这场比赛就算你赢！否则，你就等着下地狱吧！哈哈哈哈！计时开始喽？"

"合数？师父，什么是合数啊？"大嘴猫着急地问。

"我一会儿再给你解释。你先来按键，我来说！"智慧猴吩咐道。

"哦！好！"大嘴猫答应着。

智慧猴马上退后一步，看全了键盘上的所有数字，然后开始命令道："按58，99！"

大嘴猫迅速按下了58和99键，可按完后，大门丝毫没有动静。

"师父，为什么门还不开呀？难道你看错了？"大嘴猫紧张地说。

"不会呀！等我再算一算，$57=1×57$，$37=1×37$，$58=1×58=$

2×29，$99 = 1 \times 99 = 3 \times 33$。对呀！57和37都不能再分解成其他的数相乘了呀！"智慧猴也有点着急了。

大嘴猫看了一下键盘上的计时表："师父，只剩下5秒了，门还不开，怎么办？"

"快按57！"智慧猴突然大叫一声。

大嘴猫紧张地在键盘上找到57的位置按了下去，就在计时表走到54秒的时候，门"哐"的一声开了，智慧猴和大嘴猫像离弦的箭一般飞奔而出！他们脚刚落地，就听后面传出"嘭"的一声巨响——一个巨大的铁饼从上方砸了下来！

"哇，差点成为猫肉馅饼啊！"大嘴猫拍拍胸脯说。

"我和他又没有深仇大恨，他为什么这么想置我于死地呢？"智慧猴喃喃自语道。

"哼，谁说没有深仇大恨？就因为你的存在，害得我失去了升官发财的机会！"聪明狐不知从哪儿冒了出来，只见他满眼怒火地看着智慧猴。

"喂！臭狐狸，你能不能讲点道理，我师父又没招你惹你，干吗百般为难我们？"大嘴猫插话道。

"小猫咪，你连什么是合数都不知道，有权利说话吗？"聪明狐不屑地看了一眼大嘴猫。

大嘴猫一脸无辜地看了下师父，只听智慧猴说："合数就是能分解出1和它本身以外的乘数的整数。刚才我忘记了57除了等于1×57外，还等于3×19，差点儿就铸成大错呀！"

"臭猴子，都这个时候了，你还有心情给徒弟说教？今天我一定要打败你，否则让你当上我国的军师，我的颜面何存！"聪明狐气愤地说。

"聪明狐，我无意跟你争任何东西，何必苦苦相逼呢？"智慧猴无奈地说。

"少废话！难道你怕了不成？"说到这儿，聪明狐的眼珠子转了转，马上改口道，"好吧！如果你不愿意出手，那就让我来考你徒弟一道题，如果他答得出来，我就认输。"

"质数中的偶数有哪些？"还没等智慧猴答应，聪明狐已经抛出了问题。

"质数？"大嘴猫挠挠头看了一眼智慧猴。智慧猴说："质数就是只有1和它本身两个因数的数，与合数相反。"

"呃——"大嘴猫想了想，肯定地说，"2，只有这1个！"

尾声

聪明狐没想到自己连智慧猴的徒弟都没能难住，感觉丢脸极了，于是，他离开王宫继续进修去了。而智慧猴呢？他将所有的精力都投入到教学之中，再也没有接受过任何挑战。

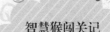

❶ 什么是奇数和偶数?

自然数中,我们把所有是2的倍数的整数叫作偶数(0也是偶数);所有不是2的倍数的整数叫作奇数。所有的偶数(除了0)加上所有的奇数等于自然数。

❷ 什么是质数?

我们把自然数中只有1和它本身两个因数的数,称为质数,也叫素数,如故事中的37。最小的质数是2。质数只包含2一个偶数,剩下的都是奇数。

❸ 什么是合数?

我们把自然数中除了1和它本身还有别的因数的数,称为合数。如故事中的57,它的因数除了1和57外,还有3和19,所以它是合数。1既不是合数也不是质数。偶数除了0和2外,都是合数。

史密斯数

19世纪,美国有一个名叫史密斯的人,他无意中发现朋友电话号码的所有质因数各位上数字之和与电话号码各位数字之和相等。之后,数学家发现在0和10000之间共有376个这样的数。因为这些数是由史密斯最先发现的,所以数学家把它们称为"史密斯数"。

紧急追踪

● 三位数与两位数的乘除法 ●

博物馆一夜间几件最珍贵的藏品失窃！

福二摩斯与柯小南根据线索紧急追踪！

莽撞的柯小南连连犯错，窃贼能否落入法网？

精彩尽在这里……

"馆长，不好啦！"一大清早，A城博物馆里就发出这样的尖叫声。

"蒂娜，怎么了？这么大惊小怪的！"博物馆馆长从一大堆档案中抬起头来问。

"馆——馆长，不好啦！馆里新展出的那几件中国古董不见了！"管理员蒂娜上气不接下气地说。

"啊？你说什么？快带我去看看！"馆长顿时大惊失色，跟着蒂娜就朝展厅跑去。

来到展厅，看着原本摆放中国古董的位置空空如也，馆长的额头顿时冒了汗："所有的地方你都找过了吗？"

"都找过了，没有，馆长！"蒂娜无奈地摇摇头。

"立刻请福二摩斯探长来！快！"馆长立刻下令道。

15分钟后，福二摩斯带着柯小南来到了博物馆。经过勘察，现场没

有留下任何线索，整个犯案过程可谓是干净利落。就在福二摩斯眉头紧锁的时候，助手柯小南却有了重大发现，他喊道："老大，你看！那儿好像是摄像头！"

馆长马上接口道："哎呀，看我急得连这样的大事都给忘了！探长，请跟我去录像室看看昨晚的录像吧！"

录像中，可以看到一共有四名盗贼，一个负责放风，另外三个下手偷盗。尽管录像并不太清晰，但电脑技术高超的柯小南三下五除二就将他们的真实样貌呈现出来了。

柯小南刚处理完相片，福二摩斯就对馆长说："请将盗贼的相片打印出来，立刻张贴到大街上，悬赏追查线索！"

"老大，也在网上发布一下吧！现在网络传播的速度更快一些！"柯小南马上建议道。

"嗯，网络确实是个好途径！"福二摩斯点点头说。

馆长马上吩咐蒂娜和另外几个工作人员分头开展这项工作。消息反馈的速度十分迅速，不一会儿，附近的一位阿姨就提供了一条重要的线索：昨晚看到这四名盗贼开着一辆挂牌B城的面包车，估计他们是从B城过来的。

福二摩斯与柯小南刚要前往B城追查线索，一个网友发来一条更为重要的消息：该网友在火车站购票时发现一名盗贼购买了四张去往C城的快车票。

"他们不回B城，反而去C城，估计是要在那里交易！我们必须在他们之前赶到C城，截获古董才行！"福二摩斯分析道。

到底有多远

"那我们一定要乘坐比他们更快的交通工具！"柯小南跟着分析道。"完全正确！"福二摩斯赞赏地点点头。

"可是老大，C城在哪儿？离我们这儿多远？"柯小南问。

"这个……我虽然去过那儿，但从没算过距离。我只知道乘坐盗贼所坐的那趟车需要12个小时，而那趟车每小时行驶145千米。"福二摩斯想了想说。

"晕！老大，你是不是在考我呀！我知道

路程等于速度乘以时间，也就是说C城与我们的距离是145×12，可这么大的数相乘我还没学过呢！"柯小南为难地说。

"这个我知道。至于解这道题嘛，最简单的方法当然是分解法啦！你可以把12分解成10和2，然后分别与145相乘，这样不就简单了吗？"福二摩斯提醒道。

"这办法听起来不错！我试试。"柯小南马上拿出随身携带的笔和记事本，"唰唰"地算了起来：2×145=290，10×145=1450。

"哇！1450千米？好远呀！"柯小南马上尖叫道。

"你再好好算算，只有这么远吗？"福二摩斯又提醒道。

"啊，这还不够远？"柯小南不解地说。

"不是不够远，是你刚才算错了！1450千米只是10小时的路程，还有另外2小时的路程你给丢到哪里去啦？"福二摩斯无奈地点了点柯小南的头。

"呀！忘记把两个乘积加在一起啦！"柯小南这才醒悟过来，忙又拿起笔在本子上计算出1450+290=1740。

"嘿嘿，我真是粗心！果然不止1450千米呀！"柯小南不好意思地挠挠头说。

"知道自己粗心就好，以后别老是毛毛躁躁的！"福二摩斯哭笑不得地说。

"哎呀！老大，他们现在都已经走了1小时了，我们只有11小时的时间，还来得及吗？"柯小南刚才光顾着纠结数学问题，差点把正事给

忘了。

"11小时已经足够了，等我好好研究一下坐什么车最合适！"福二摩斯不紧不慢地说。

"老大，你怎么一点都不着急呢？万一我们追不上他们怎么办？万一他们到那儿就把东西卖掉了怎么办？万一我们找不到东西怎么向馆长交代？万一，万一……哎呀，越想越可怕，老大，我看我们还是坐飞机去吧！"柯小南急得不得了。

"小南，放心吧！来得及！"福二摩斯安慰道。

"老大，您不是告诉我，宁可赶早也不赶晚吗？附近就有机场，我们这就坐飞机去C城！"说着，柯小南不容福二摩斯说话，就拉着他朝机场飞奔。

当柯小南和福二摩斯赶到机场时，刚好有一趟飞往C城的航班还未起飞。

"小南，不，不用……"福二摩斯跑得上气不接下气，话还没说完，就见柯小南拿着侦探社的证件跑到售票处，以最快的速度买了两张机票。

"老大，快点！飞机马上就要起飞啦！"柯小南看了一眼还愣在那儿不肯走的福二摩斯，催促道。

"唉，你呀！"福二摩斯摇摇头，无奈地跟着柯小南走过安检，上

了飞机。

一坐下，柯小南就开始邀起功来："老大，要不是我动作够快，咱们肯定错过这趟航班啦！"

"小南，你这次不是够快，简直是快得不得了啊！"福二摩斯相当无奈地说。

"老大，我听你这话，怎么不像在夸我呢？"柯小南说。

"是夸还是损，你算一下咱们什么时间到C城就知道啦！"福二摩斯说。

"还与这个有关？好吧，算就算！"柯小南一边念叨一边拿起笔算了起来。

"路程=时间×速度，那么时间=路程÷速度。路程是1740千米，这趟飞机的速度是每小时800千米，那么时间就是1740÷800，这个……"柯小南抬头看了一眼正在闭目养神的福二摩斯，不好意思地说，"老大，这道题我不会算！"

福二摩斯虽然对柯小南的莽撞有点不满，但从不吝啬教东西给他，于是缓缓开口道："像这类被除数与除数末尾都是0的，可以先去掉相同个数的0，

所以这题可以变为174÷80。80×2=160，所以174÷80=2……14。"

"呃，老大，根据您的算法，就是说我们只要两个多小时就能到达C城？"柯小南有些尴尬地说。

"你以为呢？剩下八九个小时你看着办吧！"福二摩斯不满地白了柯小南一眼。

"老大，我……"柯小南还想替自己辩解一下，可福二摩斯已经扭过头去，不理他了。

"唉！我怎么改不了毛躁的毛病呢！要等那么久，老大不生气才怪！"柯小南自责道。

两个小时后，福二摩斯和柯小南来到了C城。柯小南极尽讨好之能事，希望福二摩斯不要不理他，福二摩斯拿柯小南也没有办法，况且既来之则安之，只好与柯小南傻傻地等在火车站的出口处了。

突生变故

谁知，福二摩斯与柯小南刚刚熬过漫长的4小时，又接到了一个网友发来的信息：有人看到一名盗贼在E地的火车站购买了四张去往G城的特快列车票。

"肯定是对方的接头人发现了我们，他们临时改道了！"福二摩斯分析道。

"好狡猾的盗贼呀！老大，那我们现在该怎么办？"柯小南着急

地问。

福二摩斯没有说话，而是拿出手机往E地火车站打了一个电话，由此得知盗贼所乘列车将在6个小时后到达G城。这一次，柯小南表现得比较冷静，他从问讯处打听到从C城到G城如果乘坐普通快车的话大约需要10小时；在一个小时内，由C城开往G城的车共有三趟，除了普通快车，还有特快列车和动车组。由于问讯处比较繁忙，柯小南没办法一一打听每个车次到达的时间，只好自己来算了。

"老大，工作人员说乘坐普通快车的话，需要10小时到达G城，那时盗贼估计早就把东西卖掉了，所以我们只剩下两种选择，就是特快列车和动车，当然还有飞机！"柯小南分析道。

"飞机我想用不到了，你先算下另两趟车分别要用多长时间到达吧！"福二摩斯说。

"可是，老大，我既不知道这里到G城的距离，也不知道这几趟车的车速，怎么算时间呀？"柯小南为难地说。

福二摩斯办案时经常会用到各种交通工具，所以他对交通工具的速度都很了解，他告诉柯小南："据我所知，普通快车的速度是每小时120千

米，特快列车的速度是每小时160千米，而动车的速度是每小时220千米。小南，我希望这一次你给我的选择是最正确的哦！否则……"

"老大，你放心，我知道该怎么选择的！"柯小南自信满满地向福二摩斯保证道。

"嗯，那你开始吧！"福二摩斯用眼睛示意柯小南赶紧计算。

柯小南一改以往嬉皮笑脸的样子，拿出笔认认真真地在记事本上算了起来：普通快车的速度是120千米/小时，需要10小时，那么C城到G城的距离就是120×10=1200（千米）。特快列车的速度是160千米/小时，那么乘坐它到达G城的时间就是1200÷160=120÷16=7……8，大约7小时。这要比盗贼晚一个多小时呢！肯定不行！动车的速度是220千米/小时，那么乘坐它到G城的时间为1200÷220=120÷22=5……10，约5小时。

算到这里，柯小南分析道："老大，我们坐动车最合适！既能赶在盗贼的前面，又不需要等太久，这样我们暴露的机会也小多了！"

"据我所知，盗贼所乘的那列火车停的站非常少，从G城的前一站到G城至少需要一个多小时。也就是说，5小时后，即便盗贼知道我们在那里埋伏，也来不及转车了！"福二摩斯非常有把握地说。

这一次，由于福二摩斯和柯小南时间拿捏得当，再加上当地警察的大力配合，他们一举将四名盗贼抓获，所有被盗古董一件不少地被送回了A城博物馆。

馆长为表示对福二摩斯和柯小南的感谢，送了两件极具纪念价值的藏品给他们。

1 如何计算两位数与三位数的乘法?

计算两位数与三位数的乘法时,可以先把两位数分解为一个整十的数和一个一位数分别与三位数相乘,再把两个乘积相加。另外也可以用右侧竖式所展示的计算方法来计算。

```
    1 4 5
  ×   1 2
    2 9 0
  1 4 5
  1 7 4 0
```

2 如何计算三位数与两位数的除法?

计算三位数与两位数的除法时,先用可能得到的最大的数乘以除数,如果积大于被除数,说明商比该数小;如果积等于被除数,说明该数就是商;如果积小于被除数,且差小于除数,说明该数为商但有余数;如果积小于被除数,且差大于除数,说明商比该数大。具体可参照下图:

```
    1 6              7
  ×  47   →   160)1200
  1 1 2            112
                     8
```

表示长除法的符号是怎么来的?

所谓长除法,就是我们经常做的除法。19世纪时,美国人用括号将处于一条直线上的除数、被除数和商区分开来,如27)81) 3。后来,这种形式逐渐演变为 3)81 / 27 。直到19世纪后半叶,长除法的符号"⌐"的形式才被确定下来。

最简单的"麻烦"
●掌握运算律●

为了一件小事，两名顾客竟然"杠"上了！

这可忙坏了无辜的小小！

令人没想到的是，小小"因祸得福"，

发现了一个大秘密……

"小小用品店"火爆登场

小小的贪玩和不爱学习在学校里是有名的，爸爸妈妈拿他一点办法都没有。不过，小小很爱动脑筋，而且很喜欢探讨与数学有关的问题。

一个周末的晚上，小小刚从外面回来走进小区，就看到邻居胖婶急匆匆地推着自行车往外走。

"胖婶，这么晚您干吗去呀？"小小好奇地问。

"哎呀，孩子明天就上学了，我忘记给他买铅笔和橡皮了！"胖婶扔下一句话就骑着车子走了。

"晕，文具店那么远，胖婶到那儿时不得关门了呀！"小小一边嘀咕着一边往家走。

一进家门，小小的妈妈就盯着小小的手里看，然后不满地问："小小，你不是说出去买练习本吗？练习本呢？"

"啊！我忘了！"小小拍了一下脑门，惊叫道。

"你呀！就知道你从来不会把学习的事放在心上的，我回来时刚好路过市区的文具店，已经帮你买好了！明天给我好好去上课！"妈妈嗔怪道。

"老妈，你真是太好啦！要不然这么晚让我去哪里弄本子呀！"小小突然想起了什么，说道，"哎？老妈，你说我们在小区附近开一家文具店怎么样？这儿的孩子买学习用品真的太不方便了，最近的文具店也要坐大半个小时的车才能到。平时倒还好，要是临时急用就麻烦死了！"

"哇！我们家不爱学习的小小蛮有经商头脑的嘛！真是难得！"小小的爸爸这时从外面走了进来。

"你还别说，小小的想法真挺好！"小小的妈妈想了想说。

"嗯，我也觉得不错，正好你现在没什么事做，这也算一个不错的工作嘛！"小小的爸爸赞同道。

"好！三票全部通过，就这样定了吧！"小小下结论道。

小小一家说干就干，经过一个星期的筹备工作，"小小用品店"终于开张了！

"哎哟妈呀！你家开这个店可太好了！那天晚上我为了给孩子买铅笔和橡皮，大半夜才到家！累死我了。"胖婶第一个跑来向小小的妈妈表示祝贺。

"是呀！你们一家开店，幸福我们千万家啊！"另一个邻居阿姨也跟着说道。

……

爱心比拼

小小用品店的生意非常好，忙得小小的妈妈晕头转向，因此，小小在放假的时候会帮助妈妈照看一下店里，好让妈妈有时间休息休息。

星期六这天，小小正坐在店里边看店边玩电子游戏，突然听见店外有两个人在聊天。

"老张，你也来给孩子买学习用品呀！"一个男人说。

那个被称作"老张"的人说："是呀！孩子的学习用品一件都不能少啊！"

"那当然！给孩子买东西我从来不吝啬，绝对舍得！"另一个男人说。

两人说着说着就走了进来，那个"老张"走到柜台前，对小小说："麻烦给我拿10支铅笔。"

"哎呀，就买这几支哪够孩子用的？老板，我的铅笔要比他多15支！"另一个男人慷慨地说。

"好的，稍等！"小小赶忙应声道。

小小先用笔算了一下：老张10支，另一位顾客10+15=25（支），两人一共是10+25=35（支）。他拿出柜台里的铅笔数了数，发现只有几支，便"噔噔"跑到楼上的仓库里拿了35支铅笔下来，分别交给了那两位顾客。

"老板，麻烦再给我拿15本田字格本！"老张看了看同伴的样子，有点赌气地说。

"老板，我的田字格本比他多10本！"另一位顾客丝毫不肯落后。

小小发现柜台里的田字格本也不够，只能再去仓库里取。可是，要取多少本呢？小小赶忙又拿起笔算了起来，老张15本，另一位顾客15+10=25（本）。

"咦？10+15=15+10=25？"小小突然发现第二位顾客买的铅笔和田字格本的数量竟然一样！小小担心算错了，赶忙又重新算了一遍，发现10+15就是等于15+10。不过，他没来得及多想，赶紧算出两人买的田字格本一共是15+25=40（本），便"噔噔"又跑进仓库取了40本田字格

本，分别递给两位顾客。

"老李，我还要再看看给孩子买点什么，你先走吧！"老张的脸色明显不好看了。

"好吧！我今天买的也够孩子用一阵子了，我先走啦！"老李看着老张的样子，就好像打了一场胜仗般得意地走了。

"呃……先生，我帮您把东西包起来吧！"小小非常善于察言观色，见老张的脸色不佳，马上讨好道。

"好的！谢谢！"老张的脸色也稍微缓和了一些。

小小一边帮忙打包，一边数了数老张所买的笔和本子的数量，一共是25。

就在这时，又进来一位男顾客，西装革履，手拿皮包，一看就是很有钱的样子。

"欢迎光临，请问您买点什么？"小小立刻招呼道。

"呃，给我来几支铅笔。"男顾客说。

"请问您要多少支？"小小问。

"那位先生买的是多少支？"男顾客指着老张手里的笔问。

"10支！您也要10支吗？"小小问。

"不，给我来他的2倍那么多吧！"男顾客说。

"10支的2倍就是2×10=20（支）。"小小一边算一边说，"好的，您稍等！"

"哦！对了，请问您还需要别的东西吗？"小小刚要往仓库跑，突然想起万一人家还要别的东西，自己岂不是又要多跑一趟仓库？于是，他连忙停住脚步，继续问道。

"还要几本田字格本！"男顾客果然还要别的东西。

"要多少本？"小小问。

"也要那位先生的2倍吧！"男顾客又指了指老张。

老张原本还打算再买点什么，一听竟然又来一个跟他比的人，顿时气不打一处来。只见他狠狠地瞪了一眼那位男顾客，便拿着东西气呼呼地走了。

小小也觉得今天的顾客好奇怪，似乎都故意跟老张过不去似的。不过，他顾不得管老张了，赶忙算了一下，$15 \times 2 = 30$（本）。铅笔20支，田字格本30本，一共是50件文具。

"咦？$10 \times 2 + 15 \times 2 = 25 \times 2$，刚好等于老张所购买物品数量的两

倍！怎么会这样呢？不会又算错了吧！不行，我得再算一遍！"小小发现今天的怪事一件接一件，为免出错，他这回干脆拿出计算器按了起来，结果答案就是50。

"啊？原来一个数的2倍，加上另一个数的2倍，等于这两个数之和的2倍呀！"这一发现让小小兴奋极了，他甚至都忘了旁边还有一位顾客在等着他拿东西呢！

"喂！你磨磨蹭蹭在干什么？我赶时间，你能快点吗？"男顾客不耐烦地催促道。

"啊！哦，马上来！马上来！"小小这才从刚刚的重大发现中回过神来，飞快地跑向仓库，拿了20支铅笔和30本田字格本交给那位男顾客。

"以后卖东西时不要老走神！"男顾客不满地提醒道。

"不好意思呀！让您久等了，下次我一定注意！"小小赶忙向男顾客表示歉意。

男顾客走后，小小又验证了一下今天的两大发现：加法中的两个加数互换位置，和不变；一个数的倍数加上另一个数的倍数等于两数之和的倍数。

小小的数学热情彻底被激发出来了，他进一步想到："那么反过来，两数和的倍数是不是也等于一个数的倍数加上另一个数的倍数呢……"

复杂问题简单想

忙碌中，一天转眼就过去了。就在小小准备关闭店门回家时，一个小

女孩飞奔了进来："幸亏还没关门，要不然明天肯定要被集体批斗啦！"

"晕，我还以为刮起旋风了呢！"小小被小女孩刚才飞奔的样子吓了一跳。

"老师让我帮同学们买学习用品，如果我没买，明天大家一定会责怪我的！我能不跑快点吗？"小女孩解释道。

"那你怎么不早点来呀？你要再晚一会儿，可真的要挨批斗了！"小小说。

"嘻嘻，谁还没有个粗心的时候呀！哥哥，赶紧帮我拿38本笔记本、50根格尺、62块橡皮。"小女孩说。

"稍等，我先计算一下你要的文具一共是多少件，38+50+62=88+62，88+62等于——"

"一共是150件啦！"小女孩忍不住说道。

"哎？你怎么算得这么快？"小小诧异地看着小女孩。

　　"我虽然还没学这种连加法，不过我知道38+62=100，那么100+50当然就是150啦！"小女孩说。

　　"哦，原来是这样！我竟然完全没有注意到，还傻乎乎地一个个加呢！"小小颇感惭愧地说。

　　"嘿嘿，我只是碰巧看到两个能凑成一百的数而已，要不然肯定没有你算得快！"小女孩认真地说。

　　"不管怎样，下次我在算数前一定要好好观察一下！"小小总结道。

　　"好啦，快给我拿东西吧！你不是急着关门吗？"小女孩提醒小小说。

　　"看我，一遇到数学问题就啥都忘了。稍等，马上来！"小小飞快地跑向仓库，取来了小女孩要的东西。

　　"这是38本笔记本、50根格尺、62块橡皮，还有一支铅笔，你数一数，看看有没有错。"小小说。

　　"不用数啦，我相信你！不过，我没有要铅笔呀！你是不是记错啦？"小女孩说。

　　"这是我为了感谢你又教会了我一招，专门送给你的！"小小说。

　　"谢谢你！你真是个爱学习的好哥哥！"说完，小女孩就拿着东西离开了。

尾声

　　"爱学习？"还从来没有人如此表扬过小小呢！

　　"也许，我真的该好好学习啦！毕竟学习有时也挺有意思的呀！"小小在心里暗暗下决心道。

① 加法交换律

在加法运算中，交换加数的位置，和不变。这就是加法交换律。如故事中的10+15与15+10尽管加数的位置发生了变化，但它们的和同样是25。此规律同样适用于乘法，如2×3=3×2=6。

② 加法结合律

几个数相加，先把任意两个数相加，和不变。根据加法结合律，把能凑成整十或整百的数先相加，算起来会简单许多。如故事中的38+50+62=（38+62）+50=100+50=150。

③ 乘法分配律

两个数相加（相减）再乘以另一个数，等于两个加数（被减数和减数）分别乘以另一个数，再把积相加（相减）。如故事中的10×2+15×2=（10+15）×2=25×2=50。

"="的由来

1557年，英国数学家罗伯特·雷克在《智慧的激励》一书中首次将等号引入代数书。然而，等号并没有因此流行起来，数学家们继续使用各种符号，如"‖""ae"或"oe"表示相等。直到大约1600年，"="才逐渐被人们所接受，并一直延续到今天。

魔法师的变身笔

●加减、乘除的互逆关系●

一个不经心的提议，竟然引发家族间激烈的争斗？

一支神奇的变身笔，让敌中有我，我中有敌。

最终究竟鹿死谁手？

且看魔法师出招！

四大家族的破裂

在计算王国里有四大家族，他们分别是加法家族、减法家族、乘法家族和除法家族。四大家族在括号国王的领导下，一直相处得不错，成员间来往十分密切。

一天，括号国王把四大家族的族长"＋""－""×""÷"召集在一起，说："近年来，随着我们国家势力范围的不断扩充，我是越来越忙啦！简直忙得都快脚不沾地了，累得我腰酸背痛腿抽筋！所以我决定在你们几个家族中选一个人来帮我分担点事务。你们说说谁合适吧！"

国王的话音刚落，加法家族的族长"＋"就站了出来："陛下，我们家族个个都是人才，我们每个人都有不断增加的能力，相信在我家族人才的辅佐下，我国的实力一定会越来越强。"

乘法家族的族长"×"也不甘示弱："陛下，还是我们家族更有实

力！您想呀！我们家族成员的能力都是成倍增长的，有了我们家族人才的帮助，国家的发展绝对会一日千里的！而您，当然会轻松很多啦！"

"嗯，有道理！"国王点了点头。

"陛下，多并不代表好，精才是最重要的！看我们减法家族，'去其糟粕，取其精华'，个个都是精英！只有用这样的人，您才能放心休息啊！"减法家族的族长"－"说。

"要说精华，谁能赶得上我们除法家族？我们精简的力度绝对比任何家族都大，成倍地去除，剩下的绝对是精华中的精华。请国王优先录用我们家族的人才！"除法家族的族长"÷"说。

"用我们加法家族的！"

"用我们乘法家族的！"

"我们减法家族最好！"

……

国王被四大族长说得晕头转向，一时间不知如何是好，最后只好

说："这事还是暂时搁一搁吧！你们可以回去了！"

"是，陛下！"

以往四大族长在离开王宫后，一定要到某一家族去小聚一番。可今天，国王不经心的一个提议，已经让他们成了竞争对手，往日和谐的氛围瞬间被敌意填满了。他们连声招呼都没打，就各回各家族了。

两大对立阵营的形成

四大族长回到各自家族后，立刻下令：从今以后，本家族成员不准再和其他三大家族成员有任何来往！一定要比出个谁强谁弱才行！

加法家族的族长"+"刚宣布完这条命令，军师"1+1=2"就走上前说："族长，我觉得这样一下子树立三个敌人，对我们很不利呀！一对一PK我们都不能保证一定赢，一对三那不是很危险？最令人担忧的是，万一他们三家联合起来对付我们怎么办？"

族长"+"一听，立刻意识到了问题的严重性，马上向军师问道："那我们应该怎么办？"

"我觉得我们应该与关系相对较好的家族联合起来共同对付另外两个家族，这样既能增强我们自身的实力，又能防止其他三家联合起来对付我们。"

军师"1+1=2"说。

"嗯，有道理。那我们应该联合哪一家呢？"族长"+"问。

"乘法家族。他们和我们家族的渊源最深，都是增加一族，配合起来更默契。"军师"1+1=2"想了想说。

"好，那就派你去乘法家族游说吧！"族长"+"说。

谁知，还没等军师"1+1=2"前往乘法家族，乘法家族就派人来了，两家不谋而合，当即建立了联盟，准备联手将除法家族和减法家族各个击破，两家再公平竞争。

再说减法家族的族长"－"，他听说加法家族与乘法家族联合起来后，马上意识到形势的严峻。他与军师商量决定与除法家族也建立联盟。除法家族的族长"÷"虽然一向自视甚高，但心里清楚此时的形势是敌众我寡，于是便与减法家族一拍即合，迅速建立了与加法和乘法联盟对立的阵营。

两大阵营形成后，由于实力相当，谁也没敢先出招，一时间形成了对峙的局面。

一天，族长"+"对军师"1+1=2"说："这样对峙下去也不是办法呀！你有没有高招可以让我们一举打败对手？"

军师"1+1=2"摇摇头说："我暂时也没有想到一举制胜的办法。不过，我们可以先派间谍到敌人内部打探一下敌情，再制定制敌方案也不迟。"

"军师果然高明呀，竟然能想到这招！那你觉得派谁去比较合适

呢？"族长"+"问。

"这个……做间谍是件十分冒险的事情，我看应该让大家自愿参与才好！"军师"1+1=2"说。

族长"+"根据军师的建议，立刻贴出重金悬赏勇士的告示。重赏之下必有勇夫，"16+8=24"第一个站了出来，族长和军师被他的勇敢所折服，决定派他混入减法家族。可如今家族间戒备十分森严，唯一的办法就是变身为减法，可谁有如此大的本领呢？关键时刻，军师"1+1=2"想起城外有个魔法师，他的法力高深莫测，肯定有办法帮人变身。于是，军师"1+1=2"带着"16+8=24"来到了魔法师的住处。

魔法师一听军师前来的目的，说："我最近刚研制了一支变身笔，也许可以帮上你们的忙！让我来试试吧！"

魔法师让"16+8=24"站在一面镜子前，然后拿出一支巨大的毛笔，嘴里念念有词。只见他用笔轻轻在"16+8=24"的面前一扫，一阵金光过后，镜子前出现了两个人："24+8=16"，"24+16=8"。

镜子前的两个人一边扭着身子一边嘟囔着："哎呀，真不舒服，感觉身体很不协调呀！太难受了！"

这时，军师"1+1=2"也看出了问题："法师，您的笔好像出了问题，这两个人的上半身和下半身根本就不相等呀！再说了，我让您把'16+8=24'变成减法，可现在怎么还是加法啊？"

"噢噢噢，不好意思，我刚才念咒语的时候忘记把加号变成减号了。麻烦你

二位在镜子前重新站好。"说着，魔法师口念咒语，重新挥了一下变身笔，又是一阵金光后，镜子前出现了"24-8=16"和"24-16=8"。

"哇！这真的太神奇了，我们加法家族的一个人竟然可以变成减法家族的两个人，真的太棒了！谢谢您，伟大的魔法师！"军师"1+1=2"道谢后，就带着变了身的两个人回去了。

真假之争

加法家族的两个间谍很轻易地蒙骗过减法家族的守卫，混入减法家族了。然而有一天，减法家族的"24-8=16"逛街的时候看见和自己长得一模一样的假"24-8=16"，立刻尖叫道："不好啦，有鬼啊！"

两名士兵闻声跑了过来，一时也不知道该如何是好，只好把两个"24-8=16"都抓了起来，带进族长"-"的府中。

族长"−"看了看抓来的两个人，严厉地说："我们家族从没有长得一模一样的人，你们之中肯定有一个是伪装出来的。请那个假冒的立刻站出来，否则有你好看的！"

"族长，我是真的，他是假的，快把他抓起来！"真"24−8=16"连忙说。

"是他冒充的我，快抓他！"假"24−8=16"狡辩道。

军师"2−1=1"见状，便悄悄在族长"−"的耳边耳语了两句，族长"−"点了点头，对两个人说："把你们的鞋子脱下来，抬起右脚给我看看！"

两人莫名其妙地脱了鞋，抬起右脚，族长"−"一眼就看到假"24−8=16"脚掌上的"+"印记，立刻指着他下令道："这个是间谍，把他给我抓起来，严加审问！"

"族长，我是真的，我冤枉啊！"假"24−8=16"争辩道。

"死到临头还想骗我？纵然你的外表跟我们减法家族一样，但你脚底的家族印记无论如何也改变不了！把他带下去，审问一下是否还有同党混入我阵营！"族长"－"说。

在审讯室里，假"24-8=16"很快被打回了原形。由于禁受不住审问，他最终招供出同伙"24-16=8"，还说出了城外魔法师的变身笔。

族长"－"立刻派士兵全城搜捕脚底标记"＋"的"24-16=8"。此时，假"24-16=8"得知同伙被抓，感觉事情不妙，正准备逃离减法家族，不想刚一出门就被赶来的士兵抓了起来。至此，加法家族的间谍活动以失败告终。

激烈的谍战开始了

在抓获加法家族的两个间谍后，族长"－"决定以牙还牙——也派间谍到加法家族去。减法家族的两名勇士"42-15=27"和"28-9=19"自告奋勇要当间谍，替家族效力。族长"－"命军师"2-1=1"带着两名勇士去城外寻找那个拥有变身笔的魔法师。

根据加法家族的两个间谍的供词，军师"2-1=1"等人很快就找到了魔法师。军师"2-1=1"对魔法师说："听说法师拥有一支神奇的变身笔，不知能否为我这两位小兄弟变变身呢？"

魔法师说："我的变身笔还不太成熟，如果你信得过的话，试试也无妨。对了，你想让他们变成什么？"

军师"2-1=1"说："变加法吧！"

魔法师让两名勇士一起站到了镜子前，只听他口中念念有词，然后用变身笔在两人面前一扫，一阵金光过后，镜子前出现了两个头特别大的人："42+27=15"，"28+19=9"。

"是不是变身笔出问题了？"军师"2−1=1"惊讶地问。

"等等，我再试一下！"说着魔法师口念咒语，用变身笔重新在两人面前扫了一下。随着一阵金光，镜子前出现了两个长相正常的人："27+15=42"，"19+9=28"。

减法家族的两个间谍混入加法家族后，探得许多机密，导致加法与乘法联盟的偷袭计划连连失败。一次，加法与乘法联盟又一次偷袭失败，回到联盟营帐后，加法家族的族长"+"对乘法家族的族长"×"说："我感觉我们每次行动对方都提前有所准备，难道我方内部有他们的间谍？"

族长"×"不解地问："间谍？什么意思？"

"我曾经让城外的一位魔法师将我家族的一名勇士变身成了两名减法家族的人混入减法家族打探敌情，但一直毫无消息。我怀疑事情可能败露了，然后对方以同样的方式打入了我族内部。"族长"+"说。

"哦？还有变身这等神奇的事儿？那我也要派两名间谍到除法家族去探探虚实。前两天那自大的族长'÷'竟然写信贬损我，气得我肝直疼！"族长"×"气愤地说。

"嗯，我们家族的间谍估计已经在减法家族败露了，不适宜再派人前往，这次就由你们家族出马吧！"族长"+"说。

当晚，乘法家族的4×20=80被加法家族的军师"1+1=2"带到了魔法师那里。魔法师的变身笔从来没变过加减法以外的人，所以把"4×20=80"一会儿变成"4+20=80"，一会儿又变成"80-20=4"，出来的人都奇形怪状的，直到魔法师修改了几次咒语之后，镜子前终于出现了两个正常人："80÷20=4"，"80÷4=20"。

军师"1+1=2"再一次惊叹道："哇，我们家族一个人能变成两个减法家族的人。没想到，乘法家族一个人竟然也能变成两个除法家族的人！果然神奇呀！"

乘法家族的人刚走不久，除法家族的人就来了。魔法师虽然不喜欢过问世事，但对于四大家族的频繁动作，还是有所警觉，不禁问领头的军师"2÷1=2"："请问你为什么要把自己家族的人变成别的家族成员的样子呢？"

军师"2÷1=2"不愧为军师，反应相当敏捷，他担心魔法师知道真

相后不愿帮忙，便打哈哈道："没什么，就是我们家族准备搞一场盛大的化装舞会，大家都争着想拿大奖呢！"

魔法师并不相信他的话，但也没有继续问下去。只见他一边念咒语，一边向"48÷16=3"挥了一下变身笔，镜子前很快就出现了"16×3=48"……

随着各家族往对方派遣的间谍越来越多，家族间的斗争也越来越激烈了。括号国王直到这时才发现苗头不对，连夜召集四大族长。然而，任国王百般劝说，四大族长都坚持要决出胜负。

就在国王为四大家族的事发愁时，魔法师来了。魔法师对国王说："陛下，明天请您将四大家族的所有成员聚集到宫殿前的广场上，到时我自有办法平息这场争斗。"

国王听从了魔法师的建议，以亲自见证四大家族的实力为由，下令四大家族的所有成员于次日清晨到宫殿前的广场一决高下。

第二天，四大家族的成员全部来到广场上。他们个个全副武装，手拿兵器，一副随时开战的架势。就在这时，大家看到魔法师拿着变身笔走上了观看台。只听魔法师说："各位，在动手之前，请看看你们对面的真的是敌人吗？"说着魔法师将变身笔朝人群的方向一挥，乘法家族的成员全都变成了除法，加法家族的成员都变成了减法。还没等大家回过神来，魔法师又挥了一下变身笔，除法都变成了乘法，减法都变成了加法……如此反复了几次，大家终于明白了：原来四大家族根本就是一家人，没有谁强谁弱之分，只是形式不同而已。

① 加法与减法如何互相转换？

加法中任何一个加数都等于和减去另一个加数。而减法中的被减数等于减数加差。如故事中的16+8=24，可以变成24−8=16或24−16=8；24−8=16反过来可以变成16+8=24。

② 乘法与除法如何互相转换？

乘法中的任何一个乘数（非0数）都等于积除以另一个乘数（非0数）。反过来，除法中的被除数（非0数）等于除数乘以商。如故事中的4×20=80，可以变成80÷20=4或80÷4=20；80÷4=20反过来可以变成4×20=80。

③ 什么是互逆运算？

我们把像加法与减法、乘法与除法这样可以互相转换的关系，称为互逆关系，也叫互逆运算。

各种互逆关系

互逆关系存在的范围非常广，既有数学方面的互逆运算、互逆命题、互逆定理等，又有化学方面的互逆反应。当然，生活中也有很多互逆现象。如甲乙两地之间的一条路，沿着这条路我们既可以从甲地走到乙地，也可以从乙地返回甲地。

大约是多少

❀ 估算与四舍五入 ❀

热闹的寿宴上，丫丫和豆豆肩负起分配的"重任"。

怎样才能做得又快又公平呢？

千万别小瞧了两个小家伙，

他们自有高招！

曾祖父的寿宴

　　丫丫的曾祖父今年已经是120岁高龄了，身体却仍然十分硬朗。他年轻时曾是园林工人，退休后便在家里重操旧业——在屋后的小山上开辟了一小块田地，种起了水果。这个小小的水果园里，种满了桃呀，梨呀，苹果呀，各式各样的水果应有尽有。

　　曾祖父对这个水果园可宝贝啦，水果未成熟时，从不让丫丫这些孩子进入，唯恐弄坏了他的小树或青果子。不过，只要水果一成熟，曾祖父就会很大方地拿出所有水果，让丫丫和弟弟妹妹们吃个够。

　　眼看曾祖父的寿辰就要到了，全家人决定为老人家大办一次寿宴，大人们分头行动，有的负责预订酒店，有的负责添购物品，还有的负责发放请柬，邀请亲朋好友前来……

　　寿宴这天，宴会大厅里座无虚席，到处都是欢笑声，曾祖父乐得嘴都合不拢了。不过，最高兴的要数丫丫和表弟豆豆了！

"哈哈！这么多好吃的呀，今天我非撑破肚皮不可！"馋嘴的豆豆看着满桌好吃的，顿时口水直流。

"看你的猴急样！你今天要是真撑破了肚皮，那以后再有好吃的，用什么装呀？"丫丫点了点豆豆的头，责怪道。

"哎呀呀！你真笨！人家那是夸张，这都不懂呀！要是真撑破肚皮，还得缝针，多疼啊！你表弟我这么机灵，怎么会做那么傻的事呢！"说话间，豆豆的眼睛已经直勾勾地盯住了桌子上的一盘烤鸡。

"晕，你有多久没吃肉啦？怎么看见肉就有饿虎扑食之势呀？"丫丫调笑道。

"老姐，你是有所不知啦！像我这样活泼可爱、英俊潇洒、风流倜傥的男士，我家里竟然忍心如此虐待我！唉！天天都不给我肉吃——"

豆豆的话还没说完，就被妈妈从后面拎了起来："谁虐待你啦？臭小子，家里的肉没给你吃，难道都给小狗吃了不成？你还敢恶人先告状了呢？"

"嘻嘻，老妈，我那不是逗表姐玩嘛！"豆豆一改刚才受虐的委屈

样，嬉皮笑脸地说。

"晕！你也太没大没小了吧！竟然敢逗我玩？"丫丫一听马上瞪大了眼睛，表示抗议！

"好啦！还是给你俩分配点正事吧！要不你俩不定得疯成什么样呢！"妈妈说。

"老妈，你要给我分配啥好吃的啊？"豆豆说。

"就知道吃！今天我分配给你的事要是做不好，回去我就真虐待你试试！"妈妈嗔怪道。

"不要呀！老妈，我可是你的亲儿子呀！"豆豆边说边像八爪鱼似的缠在了妈妈的身上。

"哈哈哈，阿姨，你快说要我们做什么事吧！"看着豆豆讨饶的样子，丫丫忍不住大笑起来。

"你们曾祖父刚才让人从果园里摘了两大箱苹果和三筐梨，准备分给客人们吃。大人们都在忙，所以这分配的活儿就交给你们两个小家伙

啦！"妈妈边说边把豆豆从身上扒拉了下来。

"遵命，老妈！"还没等丫丫答应，豆豆竟然一本正经地将这活儿承包了下来。

每人要分多少

豆豆的妈妈离开后，丫丫赶忙问豆豆："喂！你怎么突然这么听话了？这其中是不是有什么阴谋呀？"

"看你说的，我能有什么阴谋啊？顶多是想多吃几个苹果和梨罢了！"豆豆说着就拿起一个大梨准备开吃，谁知他刚放到嘴边就被丫丫一把夺了下来，重新放回了筐里。

"现在还不知道这些东西够不够分呢，你竟然自己先吃起来了。告诉你哦，如果你不好好干活，小心我告诉阿姨，让她回家好好虐待你！"丫丫严肃地说。

"哎呀，真啰唆，干就干！"豆豆边说边拿起两个梨，准备放到最近的桌子上。

丫丫一把拉住了豆豆，说："喂！我们应该先算一下有多少人，然后再看看每个人应该分几个苹果、几个梨，这样才是最科学合理的工作方法！"

"可是，我哪知道有多少人呀？你不会让我一个个去数吧？"豆豆看了一眼满屋子的人，顿时紧皱眉头。

"一个个去数那太慢了，我想到了一个更好的办法！"丫丫开始故弄玄虚起来。

"哦？老姐，你有什么好办法，快告诉我！"豆豆的兴致一下子被

调了起来。

丫丫眯了眯眼，得意地说："很简单，我们只要数一下每张桌子大概坐几个人，再数一下一共有多少张桌子，就可以估算出总共有多少客人啦！"

"哇！这办法真不错。"豆豆称赞道。

"嗯，我数了一下，每桌大概有8个人，共有11桌，8×11=88，也就是说大概有88位客人。"丫丫分析道。

"那每个人应该分多少苹果，多少梨呢？"豆豆问。

"这就需要我们再估算一下每箱苹果和每筐梨的个数！"丫丫看了看地上的苹果和梨，接着说，"这两个苹果箱子一样大，所以里面的苹果应该差不多。"

"那我们是不是要把其中的一箱苹果倒出来一个一个地数呢？"豆豆不解地问。

"都说是估算啦！当然不用一个一个地数。"说着，丫丫打开一箱苹果，数了数最上面的一层苹果说，"这箱苹果共有四层，我刚数了一下，第一层有12个苹果，4×12=48，所以，这一箱大概有48个苹果，两箱就是96个。96个苹果分给88个人，每个人只能分1个啦！"

"老姐，我今天才发现你竟然这么有才呀！你去发苹果吧，我也按你的方法估算一下梨的个数！"豆豆说。

"好，就这样定了！梨就归你负责吧！"丫丫说。

丫丫一边发苹果，一边数人数，结果

发现客人一共是90位，苹果一共是92个，发完后，还剩下2个，丫丫和豆豆正好一人一个，估算得相当精准。

差距咋这么大呢

　　而豆豆呢？他估计每筐能装3层梨，由于第一层的梨比较少，他就从第二层数起，第二层有10个梨，10×3=30，他估计每筐有30个梨，3筐就差不多有90个梨，每人1个，刚好够分。于是，豆豆也美滋滋地去分梨了，结果，90位客人中有13个人没分到，也就是说筐里只有77个梨，估计严重失误。豆豆的妈妈连忙让人去水果园里又摘了一些梨，补给了剩下的客人。

　　豆豆对此郁闷极了，不解地问丫丫："为什么用同样的方法，差距却这么大呢？"

　　丫丫耐心地告诉豆豆："一般来说，估算的结果上下相差5个以内，就算比较精准了，而超过5个，就说明误差较大。所以，在每一层估算

的时候，对于大于5个或等于5个的，就进1位；而小于5个的可以忽略不计，这样误差就会比较小了！"

"哎呀，老姐，你怎么不早告诉我呢！刚才我估算的时候，发现每筐梨的最上层只有三四个梨，可我都按最大的数——10个来算了，这样一来每筐至少多算了六七个，3筐肯定要差十多个啦！"豆豆恍然大悟道。

"下回注意就好啦！"丫丫安慰道。

独特的寿星糖果

这次寿宴，丫丫的家人做了一件极有意义的纪念品，那就是印有寿星头像的糖果。寿宴结束前，丫丫的爸爸拿出两罐糖果要发给在座的宾客们。

豆豆正想验证自己刚学的估算法呢，见有这样的大好机会，主动请缨道："这些糖果就让我和表姐来发吧！"

丫丫的爸爸高兴地说："哎哟！我们的小馋虫啥时候变得这么勤快啦！真的很难得哦！"

"人家本来就很勤快嘛！"豆豆不好意思地反驳道。

"哈哈！好吧，你和丫丫一人一罐，你们给客人发完我再给你们发糖果！"丫丫的爸爸说。

豆豆拿过一罐糖果，对丫丫说："我来估算这一罐的糖果数，你算那一罐的，然后算每人应该分多少颗！"

"小家伙，没想到你一本正经的时候，还挺有领导范儿的嘛！还学会给你老姐分配任务了哦！"丫丫调侃道。

"哎呀，老姐，你就知道取笑我！好好配合我一下不行呀？"豆豆撒娇道。

"行！行！小女子这就领命去算糖果啦！"丫丫装模作样地作了一个揖，然后便拿起了另一罐糖果。

豆豆无奈地白了一眼丫丫，没有说话，马上把视线放在手里的那罐糖果上了。装糖果的罐子是透明的，而且方方正正，每一层的颗数应该相差不多，很适合估算。

丫丫拿的那罐最上面一层有10颗糖果，最下面一层有13颗糖果，一共有20层，丫丫是按每层13颗来算的，13×20=260，估计这一罐约有260颗糖果。

豆豆的那一罐糖果最上面一层有4颗，最下面一层有13颗，共有22层。因为最上面一层少于5颗，所以豆豆根据丫丫教给的方法，省略了那

一层。他是按每层13颗糖果，共有21层来算的，21×13=273，也就是说，这罐大概有273颗糖果。

"我这罐大概有273颗糖果！"豆豆得意地说。

"我这罐大概是260颗糖果！"丫丫说。

"嗯，那么加在一起应该是533颗，现在一共有90位客人，533÷90=5.922222……"

豆豆有点不知道怎么往下算了，丫丫见状，补充道："把小数点后的9向前进1位，就约等于6。也就是说，每个人应该分6颗糖果。"

于是，丫丫和豆豆就按每人6颗开始发放糖果了。发到最后一位客人时，豆豆的手里只剩下3颗糖果了，也就是说，糖果一共有90×6-3=537（颗）。从估算的角度来说，只差3颗已经相当精确了！不过，分东西时少给人家总不太好。于是，豆豆跑到丫丫的爸爸面前说："姨夫，刚才你说要发给我的糖果呢？快给我！"

丫丫的爸爸笑着把糖果给了豆豆，豆豆拿着自己的那份糖果回到只分到3颗糖果的客人面前，说："不好意思，阿姨，刚才少给您发了3颗糖果，现在补给您！"

"好孩子，阿姨不喜欢吃糖果，只留这3颗做纪念就好啦！不用给我啦！"阿姨高兴地说。

尾声

宴席结束后，客人们一个劲地夸丫丫和豆豆很乖、很聪明，丫丫和豆豆的心里别提有多美了。

① 为什么要学习估算？

在日常生活中，当有些数据我们无法或不需要进行精确计算时，就需要用估算的方法。估算是一种既实用又便捷的计算方式。比如故事中的客人数、苹果数、梨数和糖果数，没有必要一个一个地数，丫丫和豆豆运用估算的方法就非常合适。

② 什么是四舍五入法？

所谓四舍五入，就是在求近似值时，根据要求把小于5的数舍去或忽略不计；把大于或等于5的数，向前一位进1。如故事中丫丫在算每个人分多少糖果时，运用的就是四舍五入法。

③ 估算时要注意什么？

有些数据，只要估算的误差不是很大，就不会产生太大的影响，如故事中给客人发东西，多点少点客人一般都不会计较，这种情况下的估算完全可以用四舍五入法。而有时无论多余部分的数字有多小，都只能进，不能舍。如某学校组织去郊游，一共有100人，每辆客车只能装30人，$100 \div 30 \approx 3.333\cdots$，如果按四舍五入法，只用3辆车就可以了，但这样有10人就不能参加郊游了，所以学校只能选择用4辆车。而有时，无论多余部分数有多大，都只能舍去。如你拿15元钱，准备买几支圆珠笔，每支圆珠笔4元，$15 \div 4 = 3.75$，按四舍五入法，应该约等于4支圆珠笔，但实际上这些钱不够买4支，只能买3支。

079

超级擂台赛
● 三角形 ●

多多努课本里的三角形居然神奇地有了生命，
这还不算，
它们还要和四边形打擂台呢！
等会儿，这到底是怎么回事啊？
看看下面的故事你就明白了。

神奇复活

　　一场大病之后，多多努的生活发生了奇妙的变化，变化首先是从数学课本开始的。那天，作业都做完了，多多努刚好新买来一些足球明星的贴画，他揭下梅西就要往数学课本上贴。

　　"以后不许往课本上乱涂乱画，更不许贴这些贴画！"突然一个细细的声音不知从哪儿冒了出来。

　　多多努吓了一跳。"谁呀，对我大呼小叫的？有种的就出来！"他望望四周，不满地喊道。

　　"我！是我！你课本上的三角形！"

　　多多努低头一看，课本上真的有一个三角形正神气活现地看着自己呢。"你……你怎么会……会说话？"多多努惊讶得话都说不清楚了。

　　"地球沉睡这么多年都想翻翻身，来个地震、海啸什么的，我们沉默这么多年也想说说话。"三角形说着跳了出来，煞有介事地说。

"会说话不要紧，可你们出来吓人就不对了吧！"多多努推了推眼镜，对三角形不打个招呼就出来吓自己表示抗议。

"你还说呢，还不是被你闹的！你看，我们的地盘都被梅西、卡卡、贝克汉姆之流占领了，我想活动活动都没地儿了。再不出来，我们就被你活埋了！"三角形气呼呼地说。

"我贴的这些可都是足球明星的照片，看着就过瘾。哪像你们，硬邦邦的三条线段围成一个封闭的图形，没劲！"多多努最听不得别人说他的足球偶像的坏话了，连珠炮似的回击道。

争吵发展到了人身攻击。三角形愤怒了，说话的声音明显提高了几十分贝："依我看，你戴眼镜纯粹是模仿名侦探柯南装酷！你的眼镜是平光的，你这叫欺世盗名！还有，你的嘴太大了，笑起来像河马。"

多多努鼻子都快气歪了，也加大了攻击力度："你看你这小身板，充其量也只有四边形一半大小，还敢在这儿丢人现眼？要说你的脸皮还真够厚的，要是我，早悄悄回课本待着去了！"

"唔……"三角形被气哭了。

"好！好！算我说错了！"多多努怕以后永无宁日，不想和三角形闹得太僵，便大度地说，"你们有3条边、3个角、3个顶点，麻雀虽小，也是五脏俱全啊！再说，也不是任意3条线段都能组成三角形，只有最长

线段小于另外两条线段之和的3条线段，才可以组成三角形啊。"三角形
笑了。两人终于和解了。

自此，多多努和三角形交上了朋友。

能让我多睡会儿吗

"打起来啦！打起来啦！"圣诞节那天，还在睡梦中的多多努被一
阵喧闹声吵醒了。他睁开眼睛一看，只见一个三角形正在一边摇他一边
大喊。多多努用被子蒙上了脑袋，嘟囔道："今天是圣诞节哎，别折磨
我了，让我多睡会儿成吗？"

"你再睡就出人命啦！"三角形不依不饶，跑到多多努的耳朵边，
大声嚷嚷。

觉是睡不成了，多多努只好翻身起来说："到底是怎么回事啊？自
从你们复活后，我耳根子就没清静过。"

"是这样的。我们国家和四边形王国同时看上了山南边的一块地。俗话说'远亲不如近邻'，我们国王本着睦邻友好的原则，想和四边形王国共同开发、共同使用那块地。谁知，它们仗着自己块头大，说要和我们举行擂台赛，谁赢了谁就有权支配那块地。唉，你也知道我们三角形，个个身材瘦小，怎么能是四边形的对手呢？这不，国王派我向你求助来了。"三角形说完，不容多多努多想，三下五除二帮他穿好衣服，推着他就进了课本里。

"哎，别绑架我，我自己会走！"空荡荡的房间里只留下多多努叫苦不迭的声音。

想赢比赛？这不是问题

多多努见到了垂头丧气的国王——原来是一个等边三角形。

"怪不得它能当上国王，它的3条边都一样长，3个角也都相等，这个性质别的三角形可都比不了。"多多努暗想，"如此看来，王后一定是——"

多多努往国王身边一看，王后果然是个等腰三角形。它的两腰相等，两个底角也相等，坐在国王身边，那也是姿容绝艳，仪态万千啊！多多努忍住笑，刚想参见国王，哪知国王早一阵风似的跑下宝座，拉住多多努的手说："救星来啦！快请上座！"

一转身，国王又吩咐手下："都愣着干什么？还不快把好吃的统统拿出来？"那架势，就差把宝座奉献出来了。

多多努从精神到物质都享受到了太上皇般的待遇，这可真令人陶醉

啊！好半天后，他才从这种飘飘然的状态中回过神来。

看到国王正焦急地注视着自己，多多努忙定了定神，安慰道："国王陛下，贵国和四边形王国的纠纷我都知道了。我看，您是多虑了。要我说啊，你们的实力也是很雄厚的，想赢比赛，根本不是问题！""什么？"国王以为自己听错了，"你是说，我们可以以小胜大、以弱胜强？"国王显然是兵书看多了。

"我说国王，您可别长他人志气，灭自己威风啊！谁强谁弱还不一定呢，您怎么这么自卑啊？"多多努说。"我不自卑也得有资本啊！"三角形国王的眼泪又要来了，"你看看人家四边形，一个个仪表堂堂、身高体阔、背厚肩宽的；再看看我们，一个个瘦骨嶙峋、弱不禁风的，我们拿什么和人家比啊？"

"话可不能这么说。别看四边形长得宽肩厚背，其实要说结实，远远赶不上三角形家族的三兄弟。"多多努正色道。

国王觉得有戏，忙问："哪三位兄弟？"

多多努说："老大，三个角都是锐角的锐角三角形；老二，有一个钝角、两个锐角的钝角三角形；还有老三，有一个直角、两个锐角的直角三角形。别看他们比较瘦，长得也不够匀称，可是个个都长着钢筋铁骨啊。"

"它们三个？钢筋铁骨？我怎么没看出来啊！"国王还是半信半疑，不过，事到如今，也只有派它们三兄弟出马了。

小个头，大力气

擂台赛如期举行。四边形国王和它的臣民们早早就来到了会场。四边形们敲锣打鼓的，一片欢腾。四边形国王高傲地坐在花车上，接受臣民们的祝贺。那架势，仿佛它们已经得了冠军，单等着放礼花庆贺了。

三角形国王则显得有些底气不足，三角形王国的臣民们的士气也显然没有四边形那边高昂。为了掩饰内心的失落，三角形国王看了看头顶似火的骄阳，低声抱怨道："这鬼天气，不中暑就算不错了，怎么可能发挥正常呢？"

随着一声哨响，图形王国里最受大家尊敬和信任的黑衣法官——正方形光头裁判上场了。它威严地扫视了一下会场后，大声宣布："第一局，比赛举重。由锐角三角形对阵平行四边形。开始！"话虽不多，但掷地有声。

锐角三角形"嘣嘣嘣"几下跳到杠铃旁边，稳稳当当地把杠铃顶在了头顶上。平行四边形眼红了，它扭动着身子奋力将杠铃举过头顶。一分钟，两分钟，三分钟……五分钟过去了，锐角三角形依然纹丝不动。再看平行四边形，开始还死命地坚持着，可不久头上就汗如雨下，已经十分吃力了。

又过了两分钟，平行四边形开始不断地喘粗气，显然马上就要坚持不住了。紧接着，只听平行四边形的身体发出一阵吓人的"咯咯"声。大家还没搞明白到底是怎么回事呢，就见它身体一歪，越来越扁，最后竟瘫倒在了地上。光头裁判举起小旗宣布："锐角三角形胜出。"

"噢！我们赢喽！"台下的三角形一片欢呼。锐角三角形像得胜将军一样雄赳赳气昂昂地下了台。

现在，台下的情形和开始比赛前完全反了过来。三角形臣民们使劲地拍着巴掌，直后悔没带彩带和荧光棒，要是能把四边形的锣鼓抢过来用用就好了。三角形国王阴沉的脸顿时神采飞扬，情不自禁地和坐在身旁的多多努击掌相庆。

四边形那边呢？早就偃旗息鼓啦。国王恶狠狠地朝这边看了一眼，仿佛在警告三角形们，别高兴得太早了，等着瞧吧，好戏还在后头呢！

再压我就散架啦

"请安静！"光头裁判做了个手势。台下的喧闹渐渐平息了，裁判接着说道："第二局，跆拳道。由钝角三角形对阵长方形。"

长方形的身子板本就比平行四边形结实不到哪儿去，平行四边形落败后，它心里更是发虚。长方形哆哆嗦嗦地走上台来，见钝角三角形气势汹汹地走来，没等开打就瘫在地上求饶了。

正方形气坏了，"噔噔噔"冲上台，冲长方形骂了句："真丢人！"就把它替了下来。那边，直角三角形也上台替下了钝角三角形。

直角三角形毫不客气，上来就用它的直角边往正方形身上撞去。"砰！"直角边碰上了正方形的一条边，谁也没占着便宜。直角三角形见状，马上调整了战术，用它的顶角去顶正方形的一个顶角。这下正方形可就受不了了，疼得嗷嗷直叫。再一顶，正方形直接就散了架。

这下，四边形国王的脸色可就难看了，它气呼呼地在台下嚷道："我们不可能输！我怀疑这场比赛的公正性，这里面一定有黑幕！"

三角形国王一听，不高兴了："输不起就不要来比赛！输了还要栽

赃、诬陷别人，群众的眼睛是雪亮的，岂容你这样信口雌黄？别输了比赛，又输了人品！"

"什么？我信口雌黄？我输了人品？你也不看看你们三角形的尊荣，哪有一点儿冠军的样子！说这话也不怕闪了舌头！"四边形国王黑着脸说。

"我们怎么就不能当冠军啦？我们虽然长得小巧玲珑，可力气大啊，瞧瞧这胳膊，全是实打实的肌肉！哪像你们，整个一个大肚子癞蛤蟆，虚胖！块头大又怎么样？还不是输给我们了？输了比赛还理直气壮的，我真服了你了。"赢了比赛，三角形国王说话也无所顾忌啦！

四边形国王的肺都快气炸啦！要不是被人拦着，早就跑过来揪住三角形国王的脖领子，使劲扇它几个大耳刮啦。

多多努怕它们再吵下去会出人命，忙走上前调停："二位国王消消气，听我来说两句，好不好？"

两人这才气鼓鼓地坐了下来。

"要我说，这场比赛其实谁也没作弊，完全是公平、公正、公开的。你们也许不知道，三角形最大的特点就是不变形、稳定。你们看房屋上的人字梁、自行车的三角架等等，就是用的三角形的这个原理。而四边形呢，虽然比三角形多一条边，却很容易变形。所以，四边形和三角形比力气，当然会输了。不过四边形容易变形也有好处，商店的活动拉门就是由许多平行四边形联结而成的。大家友好相处，各自发挥各自的作用，为人类服务多好，何必要天天吵架呢？"多多努口水飞溅地讲了一大堆，听得四边形国王

和三角形国王连连点头。

"也对，那我们就共同开发那块地吧。"看来四边形国王也不是个不讲理的人，率先表了态。

"我同意，就这么办！"三角形国王举双手赞成。

内角和大小之争

外部矛盾虽然解决了，可内部还有矛盾呢！

俗话说，牙齿和舌头还会打架呢，三角形三兄弟自从打败四边形后，就居功自傲，整天唧唧喳喳地吵个不停。

这天，多多努正在做作业，三角形三兄弟又炸开了锅。

直角三角形说："我拥有一个直角，个头大，其他两个角也很争气，所以我的内角和最大！"

钝角三角形当然不甘示弱："我一个钝角就大于90°，我的内角和最大！"

锐角三角形也跟着起哄："我的每一个角虽然都小于90°，可三个角加起来不一定比你们小！"

"哇！受不了啦！你们还让不让我写作业了？"多多努实在听不下

去了，捂着耳朵大喊道。

"那，你就来给我们评评理！"三角形三兄弟异口同声地说。

"都怪我交友不慎，遇人不淑啊！"多多努边叹气边说，"你们要想让我评理，可得听我的指挥哦！"

三角形三兄弟不知道这个损友会玩出什么新花样，但是为了知道结果，豁出去了。

三人抱着就是死也要当个明白鬼的决心，郑重地点了点头。

"那好，听我口令，你们一起做动作哦！"多多努微笑着说，"首先，弯腰鞠躬，将你们的顶角靠到底边上。"

见三角形三兄弟乖乖地完成了动作，多多努继续说："很好，现在将你们的两手握在一起，这样就将另外的两个顶角和第一个顶角拼在了一起。你们发现了什么？"

三个角合在了一起，拼成了180°的平角！

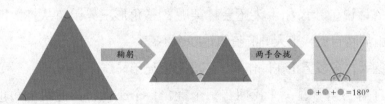

尾声

"原来我们三兄弟的内角和都相等，全是180°啊！"三角形三兄弟恍然大悟。

"现在明白了吧？其实，不光是你们，你们的等边三角形国王、等腰三角形王后，还有你们三角形家族的所有成员内角和都是180°。"多多努说，"好了，现在可以让我安安静静地写作业了吧？"

三角形三兄弟终于肯乖乖地躺进课本里了。

多多努的总结

1 构成三角形需要具备哪些条件？

要想构成三角形，3条线段不能在同一直线上，且需要首尾相接，形成一个封闭的面。而且，构成三角形的任何两条边的长度之和都应大于第三条边的长度，任意两条边的长度之差都应小于第三条边的长度。

2 三角形分为哪几类？

人们根据三角形角和边的特征来给三角形取名字。根据角的大小，我们将3个角都小于90°的三角形称为锐角三角形；有一个角大于90°的三角形称为钝角三角形；一个角正好为90°的三角形称为直角三角形。

根据边的特征，我们将2条边长相等的三角形称为等腰三角形；3条边长都不相等的三角形称为不等边三角形；3条边长都相等的三角形称为等边三角形，又叫正三角形。

直角三角形的有趣特征

直角三角形有一个历史悠久的有趣定理：在直角三角形中，两条直角边的平方和等于斜边的平方。它是初等几何中最精彩，也是最著名和最有用的定理。在我国，人们称它为勾股定理或商高定理；在欧洲，人们称它为毕达哥拉斯定理。

小人国里的屠龙剑

● 将图形放大或缩小 ●

巨大的恶龙喷出熊熊火焰，
烧毁了维京人美丽的家园。
可怕的恶龙会被打败吗？
谁是真正的屠龙勇士？

讨厌的龙

在遥远的潘斯特星球，住着一群维京人。他们把家安在了海边的村庄里，每天打渔、放牧，日子过得非常平静。

丹尼是个15岁的维京少年，和爸爸妈妈住在村边的木屋里，他每天都要去山上放羊。当羊群吃草的时候，他就躺在草地上，望着天上的白云发呆。他的脑袋里充满了各种各样的幻想，所以总觉得现在的日子过得太平静了。

有一天，丹尼正在放羊的时候，突然看到一个巨大的黑影飞快地掠过草地，从丹尼的头顶呼地一下飞了过去。

丹尼吓了一跳，仔细一看，呀，从来没见过这种东西！它像一只长着翅膀的巨大蜥蜴，身体是红色的，身后还拖着长长的尾巴。这怪物用力地拍打着翅膀，像幽灵一样划过天空。

丹尼正看得出神，突然，那怪物在空中唰地一个急转身，朝他的羊群疾速扑了过来。羊群立即被吓得四处逃窜。这时，丹尼的爸爸拿着弓

箭从后面跑了过来。"别愣着，快去赶走它。"爸爸边说边在丹尼的脑袋上敲了一下。

丹尼连忙从地上捡起一块大石头，跟着爸爸向羊群跑去。只见怪物伸出巨爪，死死地按住一只羊，正准备开吃呢。丹尼赶紧跑过去，举起大石头，用力地朝它丢了过去。

怪物吃了一惊，迅速回头一看，发现只是个孩子。它眯起眼睛，喉咙里呼呼作响。忽然，怪物张开血盆大嘴，只见一个火球从它的口中喷了出来。

丹尼眼疾手快，向旁边一跳，躲到了一块大石头后面。那怪物见没有喷到他，非常生气，又鼓足气力向丹尼的藏身处喷出一道火柱。那块大石头被烧得滚烫，丹尼躲在后面不敢出来。他回头向村子望去，只见村民们纷纷拿着武器，吆喝着冲了过来。

怪物停止了喷火，它仰起头向村民们发出一声长啸。接着，它用力鼓动翅膀，抓起那只羊，呼地一下飞了起来，不一会儿就飞得无影无踪了。

村民们全都围拢过来，拍着丹尼的肩膀夸奖道："小伙子，真勇敢，遇到这么大的龙都不怕。"丹尼的爸爸听到大家这么说，感到很得意，也过来摸了摸儿子的头。

"哇，原来这就是传说中的龙啊！"丹尼这才恍然大悟。

维京人平静的生活结束了，从那天起，那条巨龙就经常到村子里捣乱。抓走牛羊还是小事，只要有人去驱赶它，它就喷出熊熊火焰，不少人家的房子都被它烧光了。人们整天为这事提心吊胆。

古老的传说

这天晚上，村长召开了全体村民大会，让村民们共同商量一个对付恶龙的好办法。会议开始了，村长请出维京人的巫师来介绍那条巨龙的底细。

巫师从袋子里取出一个羊皮卷，翻到了其中一页，上面栩栩如生地画着那条巨龙。巫师说："这条巨龙每隔一百年就会睡一次觉，一睡就是一百年，它睡醒之后就是我们维京人噩梦的开始，这个噩梦世世代代困扰着我们。"

"难道就没有办法对付它吗？"村长问道。

"当然不是，我这里有祖先传下来的预言。"巫师翻到了另一页，"这上面说，这条龙会被一个叫丹尼的勇士杀死。"

"那就是我的儿子！"巫师刚说完，站在一旁的丹尼爸爸就接过话来，他扶着丹尼的肩膀，把丹尼从人群中推了出来，"他曾经和那条龙交过手。"

大家打量了一下丹尼，都点头说："嗯，是个好小伙子，可是我们怎么知道他就是预言中的那个丹尼呢？"

"这个不难，"巫师说，"预言里说，只要他能够进入小人国，取回勇士的屠龙剑和盾牌，那他一定就是真正的勇士。"

"怎么才能进入小人国呢？"大家问道。

"羊皮卷上记载着一个古老的法术，只有真正的勇士才会被缩小，对其他人都不灵验。"

这下大家都高兴了，终于有希望杀死这条讨厌的龙了，人们把希望都寄托在丹尼的身上，祈祷他能顺利通过魔法测试。丹尼自己也兴奋极了，他早就想做一番大事啦！

小人国，我来啦

第二天，巫师带着丹尼来到了半山腰的一座祭坛上，他指着祭坛底座上的一扇小门，对丹尼说："那里就是小人国的入口，你到了里面，只需讲出自己的名字，小人国国王就会把剑和盾牌交给你了。"

"可是我怎么才能进入那扇小门呢？"

巫师指着祭坛附近的大方格说："这儿就是检验你是不是真正勇士

的地方。你躺在方格里，用树枝将你所占的方框圈起来，然后按照1：4的比例圈出缩小后的方框，之后我念动咒语，你就能缩小了。"

丹尼听后连忙躺在大方格里，巫师用树枝在他身旁摆了一圈后，让他站了起来。丹尼一数，自己的身高占了8个格子，宽度占了4个格子。

"下面应该怎么办？"丹尼问。

"按照1：4的比例缩小就可以了。"

"你看，我的身高占了8个格子，宽度占了4个格子，一共占了32个格子。要是按照1：4的比例缩小，只要圈8个格子就可以了吧？"

"那样可不行。"巫师说，"按照一定比例缩小，改变的是方框各边的长度，而不是只改变总体面积。也就是说，缩小后的方框形状是不能改变的。"

"我懂了，"丹尼说，"看来长和宽都要缩小到原来的 $\frac{1}{4}$ 才行。原来的方框长是8格，宽是4格，要按照1：4的比例缩小，那缩小后长就是 $8 \div 4 = 2$（格），宽是 $4 \div 4 = 1$（格）。"说完，丹尼用树枝圈了一个长为2格、宽为1格的小方框。

巫师满意地说："做得好，孩子。还有一件事要跟你说清楚，当你回来时，入口那边也会有这样的一个大方格，你只要用树枝在上面用相反的方式圈出两个方框，就能放大回原来的样子出来了。"丹尼点头答应了。

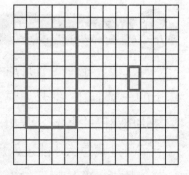

接着，巫师念了一串咒语。他的话音刚落，神奇的事情就发生了：丹尼瞬间变成了一个小人，只比祭坛底座上的小门高出一点

点。丹尼走上前用手一推，那扇门应声而开。丹尼既兴奋又紧张，他向门里望去，里面一片光芒，什么都看不清。他抬头看了看巫师，巫师带着鼓励的微笑向他点了点头。

糟糕，大事忘了

丹尼弯腰穿过了小门，只见小门里面别有洞天，一样的鸟语花香，一样的阳光明媚。不远处还有一座城堡，似乎看不出跟自己原来的世界有什么区别。

丹尼回头想再看看自己的世界，可是那扇小门忽然不见了，他看到的是一扇高高耸立的大门。

丹尼来不及细想这到底是怎么回事，便大步流星地向城堡走去。丹尼向城堡卫兵说明了来意，卫兵进去禀报。

等了一会儿，卫兵走了出来，对丹尼说："国王有请。"丹尼随卫兵来到国王的宫殿前，国王和王后正在那里等着他呢。

见到丹尼后，国王热情地拥抱了他，对他说："亲爱的丹尼，我在这里等你几百年了，今天你终于来了。那把屠龙剑从昨天开始就不断放出光芒，我知道一定是它的主人要来了。"

国王取来屠龙剑和盾牌，交给了丹尼："我的小英雄，我不能留你多待些日子了，你要赶紧回去除掉恶龙，我会在这里为你祈祷。"

丹尼接过屠龙剑和盾牌，谢过了国王和王后，高高兴兴地回到大门前。丹尼在大门附近的地面上发现了一个大方格，他按照巫师所说的办法，先躺在方格里，用树枝圈了一个长为2格、宽为1格的方框。然后该将方框放大了。"4∶1……那么长就应该是2×4=8（格），宽应该是1×4=4（格）……"丹尼一边说一边摆，不一会儿，放大后的方框就圈好了。

在圈好方框的一刹那，只见光芒一闪，丹尼瞬间又回到了祭坛前，巫师正在那儿笑眯眯地看着他呢。

"你的屠龙剑和盾牌呢？小人国国王没有给你吗？"巫师见他空着双手，便好奇地问。

"给我了。咦，奇怪，它们刚才还在呢。"丹尼感到很诧异。

"你是怎么复原的？"

丹尼把复原的步骤告诉了巫师，巫师听后点了点头说："孩子，你只把自己变大了，却把屠龙剑和盾牌忘在了脑后，它们一定还在门的另一边呢。"

"那该怎么办呢？"丹尼这才恍然大悟。

"再回去取一次吧。"

就这样，丹尼又被缩小了一次。果然，当他回到小人国的时候，看到屠龙剑和盾牌就在那边的地上放着呢。

丹尼这次可不敢大意了，他先把剑和盾牌放在地上的大方格里，发现剑和盾牌各占一格，而他自己在方格里的长度是2格，

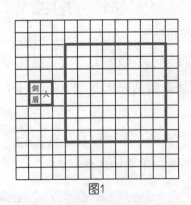

图1

宽是1格。为了让方框放大起来更容易，他把剑和盾牌摆放成一列（见图1）。现在整个方框的长是2格，宽也是2格，那么放大后的方框长是8格，宽也是8格。丹尼连忙把两个方框都用树枝圈了起来。

这次终于成功了！丹尼带着屠龙剑和盾牌一起回来啦！当他回到村子的时候，村民们像迎接英雄一样把丹尼高高地举了起来，他的爸爸激动得差点都哭了。

向巨龙发起挑战

接下来的几天，丹尼一直拿着他的武器守候在山坡上。终于有一天，那条巨龙拍打着翅膀又飞来了。

丹尼远远地看见巨龙后，便跑到羊群前面迎风而立。很快，巨龙便卷着一阵狂风降落在丹尼面前。它好像认出了丹尼，二话不说，迎面就喷出了一个大火球。

丹尼用左手举起盾牌，挡住了熊熊燃烧的火球。说来也怪，那火球碰到盾牌，顿时烟消云散般化为乌有。丹尼趁势向前，跑到巨龙的身下，照着它的爪子砍了一剑，一下子就剁掉了巨龙的一个脚趾。

巨龙负痛大叫一声，忽地又飞了起来。但是它并没有逃走，而是在空中不断地向丹尼喷射着火柱。

丹尼一边用盾牌挡住火柱一边想："这家伙飞在空中，我怎么才能杀死它呀？"想了一会儿，丹尼终于有了主意，他趁着巨龙喷火的间

隙，拔腿就往林子的方向跑去。

巨龙看见丹尼逃走，怒气更胜了。它在天上一个俯冲追了过来，看样子是要将丹尼活吞了才能解气。

丹尼边跑边回头，他看巨龙快要接近了，便加快脚步朝自己时常玩耍的那几棵大树冲了过去。

巨龙的嘴就要咬到丹尼了，就在千钧一发之际，丹尼一个箭步穿过了两棵大树之间窄窄的空隙。暴怒的巨龙收势不住，它的头部穿过了窄窄的空隙，但它巨大的身躯无论如何也穿不过去。巨龙想把头抽回来，可是头卡在那里拔不出来了。

这时，丹尼转过身走到龙头前，丢下盾牌，双手握住屠龙剑用力一挥，那颗巨大的龙头顿时滚落在树林里了。

就这样，喷火的巨龙被杀死了，维京人的生活又恢复了往日的平静。丹尼作为维京人的英雄，他的传奇故事也被一代一代地传诵下去。

丹尼的总结

1 什么是图形的缩放？

图形的缩放就是把一个图形的各边按照一定的比进行放大或缩小。图形缩放后，其大小改变，但是形状不变。

2 图形的缩放图怎么画？

绘制图形的缩放图时，要做到一看、二算、三画。比如将某个长方形按1∶2的比例缩小，首先要看这个长方形长是多少，宽是多少。然后根据缩小的比例1∶2，算出缩小后长方形的长和宽。最后按算出的长和宽画出缩小后的长方形。

3 放大和缩小的比值有什么区别？

将图形放大的比值是大于1的，缩小的比值则小于1。如按3∶1的比例是把原图形的各边放大到原来的3倍，按1∶3的比例是把原图形的各边缩小到原来的$\frac{1}{3}$。

小知识

图形缩放的应用

图形的放大与缩小在生活中应用很广，比如观察和研究一些非常细微甚至肉眼无法看清的物体，如细菌、一些细小的零件等时，就需要把它们按照一定的比例放大。在绘制地图、制作车模的时候，又需要把原物按照一定的比例缩小。

拉姆学校的怪老师
● 灵活运用平移、对称和旋转 ●

怪老师的怪招可真多，
惊喜大奖、恼人变形、神秘水晶球……
保证让你眼花缭乱。
你想领略他的风采吗？
那就进入拉姆学校看一看吧！

这个老师有点怪

布朗博士是个小个子老头，说话时，雪白的山羊胡子前后摆动，样子很滑稽。但是如果你敢偷笑的话，一定会被他圆圆的眼镜片后面那双圆圆的小眼睛看到。那么，你就该倒霉了！他会把不遵守纪律的学生变成青蛙，放在讲桌上的大玻璃杯里让大家看上10分钟，以示惩戒。

拉姆学校里的学生们对布朗博士都敬畏三分，只要是上他的课，就算最顽皮的学生也会规规矩矩地听讲，生怕稍有不慎就会被老头子变成青蛙之类的丑东西在同学们面前丢脸。

这天早上，上课铃响了。布朗博士一走进教室，就对坐得整整齐齐的学生们笑着说："今天我们办个设计比赛好不好？大家要积极报名哦！"

学生们不知他葫芦里卖的什么药，没有人作声。

"没兴趣吗？获胜者可有惊喜大奖哦。"布朗博士继续说。

"大奖是什么？"有人好奇地问。

"嗯，得第一名可以被我原谅5次，不变青蛙。"

"哈哈！"教室里爆发出一阵笑声。

怪怪老师出招啦

看到同学们这么开心，布朗博士也笑了，他接着说："这个大奖好吧？下面我就说说比赛的内容，有兴趣的同学可以报名，没有报名的同学围观。这次比赛的题目就是利用平移、旋转和对称设计图形，看谁的设计最有创意。"

说到这里，布朗博士环顾了一下教室，问："怎么样？有人想试试吗？"可以被布朗博士原谅5次，这个奖励似乎真的不错。没过一会儿，就有5名同学陆陆续续地举起了手。不过更多的同学则面面相觑，根本没有参赛的打算。

"看来你们是不相信我呀，不过有5个人已经够了，你们上来领题

吧。"布朗博士稍稍有些失望。

5名同学走到讲桌前,布朗博士把手伸进自己的怀里掏了一阵,当他的手从怀里拿出来的时候,手中居然托着一个巨大的水晶球!同学们一阵惊呼,谁也不知道他的球是怎么放进怀里的,教室里响起一片掌声。

布朗博士得意地向同学们点了点头,然后把水晶球放到了讲桌上,对5名同学说:"待会儿题目会从水晶球里飘出来,你们只要一个一个地把手放在水晶球上就行了。"

一名同学刚把手放在水晶球上,就见一张纸条从水晶球里飘了出来,他赶紧抓住了那张纸条。布朗博士说:"你拿到题目了,给大伙看看吧。"

那名同学把手里的题目翻过来给大家看,只见上面只写了两个大字——"平移"。布朗博士对他说:"你去做题吧,给你5分钟时间,做完再交给水晶球,它会给你一个正确的评判。"

过了一会儿,这名同学拿着设计好的图案来到了讲桌前。布朗博士对他说:"先不要忙着交你的作品,给大家看看,讲一讲你设计的是什么图案。"

这名同学把图案翻过来给大家看,然后解释说:"我沿同一方向,依次将菱形向右平移2格,就得到了这个图案。你们看,它多像一个连环锁链呀!""这个图案好复杂呀,看得我头晕眼花,你是怎么画的?"有名同学不解地问。

"看起来复杂,其实很简单。我先把平行四边形的4个关键点确定下来了,然后把这4个点分别向右移动2格。画好之

后，再把新图形的4个关键点依次向右移动2格……重复做几次，这个美丽的图案就画好了！"这名同学得意地说。

奇妙的水晶球

"你可以把作品交给水晶球来评判了。"布朗博士说道。

这名同学小心翼翼地把纸放到了水晶球上，纸消失了。水晶球发出璀璨夺目的蓝光，漂亮极了！"你过关了。"布朗博士说，"下一名同学可以上来取题目了。"

水晶球给第二名同学出的题目是旋转，在"旋转"两字旁边还有一个直角三角形。这名同学握着笔想了一会儿，然后就"唰唰唰"地画了起来。很快，他的作品也完成了，纸上画的是4个三角形。

布朗博士问："你设计的是什么图案？"

这名同学立即说："是一个大风车。"

布朗博士让他说说画图的过程，这名同学说："我把图形绕着C点顺时针旋转90°，再旋转90°，再旋转90°，一共连续旋转三次，风车就画好了。"

他刚说完，有名同学就嚷嚷道："恐怕说起来容易，画起来可就难了。"

这名同学不以为然地说："其实并不难，你看，我这不是画出来了吗？我先确定了旋转中心——C点，然后把三角形的其他两个关键点确定下来，再把这两个关键点顺时针旋转90°，依次连接各点就画出了新图形。用这种办法继续画另外两个图形就可以了。"说完，他把图纸放到了水晶球上，水晶球又发出璀璨夺目的蓝光，他也过关了。

第三名同学利用对称，画出了一棵美丽的松树，也通过了水晶球的检查。

第四名同学用旋转的方法画出几个手拉手的小人，同样得到了水晶球的认可。

最后，轮到一名叫马克的同学了，他拿到的题目也是"对称"。马克想："刚才已经有人利用对称设计了图案，我怎么设计才能跟他的不一样呢？"

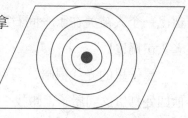

想了好一会儿，马克终于有了主意。没多久，他就把图画好了。马克拿着设计图，对同学们讲解道："大家请看，我设计的图案叫'无底洞'。"

大家看到他的图纸上画着一个平行四边形，四边形里有个大圆圈，大圆圈里有个小圆圈，小圆圈里有个更小的圆圈……最后那个圆圈小得成了一个圆点。

同学们看过之后纷纷摇头。布朗博士说："让水晶球来评判吧。"

马克不见了

马克来到讲桌前，信心满满地把纸放到了水晶球上。这次，纸没有消失，马克却消失了。

同学们又是一阵惊呼，纷纷喊道："马克呢？马克怎么消失了？"布朗博士敲着桌子大声说："安静！"同学们这才渐渐静了下来。

布朗博士说："马克做错了，平行四边形本身不对称。"

"做错了也用不着让他消失吧？这也太狠了！"有的同学向布朗博士抗议道。

"谁说他消失了？他不是在这里吗？"布朗博士说着，用手在水晶球表面一抹，只见马克正在水晶球里东张西望呢。

原来，马克把图纸放到水晶球上的一瞬间，忽然发现教室不见了，

自己一个人被关在了一间石屋子里。马克心想："哼，一定又是那个怪老头在捣鬼！"

屋子里的光线很暗，马克看到墙上有一支火把，便把它拿了下来。他四处打量这间屋子，想找一个出口逃出去。

马克走到门口，推推门，门是锁着的，门上有几个数字按键，门旁的墙壁上刻着几个怪异的图案。

"这到底是什么意思？难道是密码吗？"马克感到很纳闷。他又四处找了一下，看见门口的桌子上放着一张纸，纸上写着"对称"。

巧解密码锁

"什么对称？哪里对称？真是莫名其妙！"马克嘀咕着。忽然，他灵机一动："是不是说那些图案是对称的呀？"他左看右看，终于看出来了，原来它们分别是2，3，4，5，6，7的对称图形。

"也许这几个数字就是开门密码。"马克按了一下门上的数字键"2"，果然，那个数字亮了起来。

"看来的确如此。"马克又找到了数字"3，4，5，6，7"，把它们全部按亮了。只听门里"咔嗒"一声，马克用手一推，门开了。

教室里传来一阵掌声，同学们都为马克成功过关而高兴。马克当然不知道他的举动遭到了同学们的围观，他一心只想出去，可打开门之后，他有点失望了，外面是另一个房间，自己仍然被关在石屋子里。马克又打量了一下这个房间，除了刚才进来的那扇门，房间并没有其他出口。

房间的中央放着一张大桌子，桌子上有个棋盘，奇怪的是这个棋盘是个九宫格，中间的那个格子上摆着一枚黑色的棋子。桌子上还有一张纸，纸上写着：

图1　　　图2　　　图3

1.向上平移

2.顺时针旋转270°

3.按中心点对称

马克想："这一定又是个机关了，先破解了再说。"于是他按照纸上写的，把九宫格中间的那枚棋子向上挪了一格（见图1）。纸上的第一行字消失了。

马克很高兴，但是旋转270°是什么意思呢？马克试着把棋子原地转了大半圈，没有任何反应。

马克猜测，既然这样旋转不行，那一定以棋盘的中心点为旋转中心进行旋转了（见图2）。于是他把棋子放到了九宫格左列中间的那个位置上，纸上的第二行字也消失了。

　　"终于成功了。"马克自言自语道，"第三条是按中心点对称，该把棋子放在哪儿呢？"

　　想了好半天，马克都没有想出来棋子应当摆放的位置。这时，他瞥见棋盘旁边还放着一盒棋子，不禁恍然大悟道："我知道了，我需要另一枚棋子。"

　　就在马克把另一枚黑色棋子放在九宫格右列中间的位置上时（见图3），棋盘和石屋子都不见了，马克又回到了教室里。教室里马上爆发出了一阵热烈的掌声和欢呼声。

怪怪老师，我服了

　　这堂课太好玩了，下课时同学们用掌声向布朗博士表示了感谢。布朗博士顺手把那个大水晶球又揣进了怀里，向同学们欠了欠身，微笑着走出了教室。

　　只有答对问题那四名同学有点不开心，嘟囔道："早知道这么好玩，故意不答对问题就好了。"

马 克 的 总 结

1 怎样画好旋转后的图形？

先确定旋转中心，再找出关键线段，并把关键线段按指定的方向旋转到指定的角度，最后根据原图形的形状连出旋转后的图形。作图时要注意以下几点：

①旋转中心是固定不动的；

②图形经过旋转后，各个关键点与对应点到旋转中心的距离是相等的；

③要注意旋转方向，与时钟的指针旋转方向相同的是顺时针方向，反之是逆时针方向。

2 怎样画好轴对称图形？

先找到对称轴，然后找出图形的各个关键点，再根据对称轴画出各个关键点的对应点。作图时要注意，关键点到对称轴的距离与其对应点到对称轴的距离是相等的。

旋转现象的运用

旋转在我们身边随处可见，比如洗衣机利用高速旋转产生的离心力，使水与衣物分离；微波炉通过旋转食物盘，让食物均匀加热；电风扇利用电机驱动扇叶旋转，使空气不断流动，从而达到降温的目的。

会魔法的房子

● 长方体和正方体的展开图 ●

特大新闻！拉风风会飞了！
从拉风风会飞的那一刻起，
就注定他会有一段不平凡的经历。
可是，他能让房子变魔法，
这可真有点匪夷所思呢！

我会飞了

在拉姆城，要问谁没见过市长，肯定有不少人举手。可要问谁没见过梦幻小学五年级(1)班的拉风风同学，肯定人人都会摇头。这是为什么呢？因为拉风风有一项特异功能——他会飞。这件事经媒体大肆宣扬后，拉风风想不红都难啊。

什么，什么？等会儿，我听着有点晕。这到底是怎么回事啊？这，还得从那次小吃街事件说起。

记得那天期末考试刚刚结束，拉风风和李桃桃就像出笼的鸟儿一样飞了出去。两人跑到小吃街，从街这头逛到街那头，一边逛一边吃，那个开心呀，真是没法形容！

"看你这吃相，只能用饿死鬼投胎来形容了！"此时，拉风风正在吃烤串，那副吃相，实在不敢恭维。李桃桃就发出了以上感慨。拉风风刚想反击，突然肚子一阵剧痛。"啊，疼死我了，疼死我了，救命！"

拉风风嘴里大叫着，捂着肚子栽倒在了地上。李桃桃看着在地上翻腾乱滚的拉风风，吓得魂飞魄散。

"快叫救护车啊！"旁边好心人的一句话提醒了李桃桃。她拿出手机，刚想打电话，拉风风忽然一骨碌从地上爬了起来，没事人一样拍了拍手说："好了，我没事了。"

"你……你这玩笑开得也太大了吧？"李桃桃生气了。

"我……我没有开玩笑，刚才我确实肚子疼，现在不知怎么回事突然好了。"这种说辞听起来连自己都觉得不可信，又怎么能让李桃桃相信呢？

可是，这事就是这么怪，拉风风也不知道该怎么解释了。

正在这时，只听一个细微的声音说："你俩别吵了，刚才是我让拉风风肚子疼的。"

"咦？你是谁？你在哪儿？"拉风风看了看周围，没发现有人在跟自己说话啊！"我叫小飞飞，在你肚子里。"那个声音说，"我本来是躲在烤串里的，现在被你吞进肚子里了。"

"什么？"拉风风和李桃桃异口同声地说，张开的嘴巴再也无法闭上了。"闭上你们的嘴巴！"小飞飞命令道，"你可别小看我，我能让你飞！"

"什么？"两人的嘴巴再次张开。

"准备好了，三、二、一，起飞！"小飞飞话音刚落，拉风风果然慢慢地飞了起来，越飞越高……

这个消息立刻成了拉姆城的特大新闻。第二天，拉风风就登上了报纸的头版头条。

从此，小飞飞在拉风风的身体里定居了。拉风风要带着他吃饭、洗澡、踢球、上学……还好小飞飞很瘦小，他在拉风风的身体里，拉风风却没有感觉，不然他要是个胖子，拉风风还不得累死？

拉风风的生活也因此发生了翻天覆地的变化。现在，他想去哪儿都不用走路了，直接飞就行。拉风风成了名副其实的小飞人。

被征服的香香国

"今天我要找一个新鲜一点儿的地方玩。" 本该去寒假奥数班的拉风风，在路上徘徊了几圈，终于掉转头，走向了相反的方向。他不想让自己的寒假在一堆数学题中度过，更不想浪费他的飞行技能。

是啊，整天在拉姆城飞来飞去有什么意思啊？要飞就去别人都到不了的地方，最好去连飞机都飞不到的地方！

拉风风把自己的意念传达给小飞飞。很快，他就飞了起来。"加速！"拉风风话一出口，就发现自己的速度快要赶上光速了。"嗯，小飞飞还真够朋友！"拉风风这样想着，回头看了看，发现自己的家早已经看不见了，地球也成了个蓝色的大圆球，悬在空中，不过看上去倒是美丽极了。

"这是到哪里了？我们下去看看吧！"拉风风和小飞飞商量着。小飞飞早就唯拉风风之命是从了。拉风风很快落到了地面上。

"这个地方可真美！"拉风风看着脚下大片大片盛开的美丽鲜花，呼吸着甜润的空气说。

这时，迎面走来一个小伙子，拉风风拉住他问道："大哥哥，请问这里是什么地方啊？"

小伙子有气无力地说道："这里是香香国。"说完，就垂头丧气地走了。

拉风风这才发现，街上的人一个个都没精打采的。

"奇怪，这里的人怎么个个都愁眉苦脸的啊？"拉风风纳闷道。

"因为我们这里刚发生过一场战争。"小男孩盖盖正好路过拉风风的身边，揭开了谜底，"我们香香国战败了，整个国家都成了战胜国横横国的奴仆。横横国王非常残忍，说我们香香国的人都是二等公民，不配住在房子里，只配露天睡在木板上，要我们把房子都拆掉。国王以后每个月都会派人来巡视，谁敢违抗格杀勿论。明天，横横国王就要来巡查了，大家都不知道该怎么办才好，才会唉声叹气的。"

"可恶，文明社会居然还有这种事！"听完盖盖的话，拉风风气愤极了，"别着急，我来帮你们想办法。"

展开图的大用处

拉风风仔细观察了一下，发现香香国的房子都是方方正正的木头房子，说："其实也不难，你们先把房子拆了，等横横国王一走再重新盖起来不就行了？"

"拆了容易，盖起来可就难啦。要一块一块地找，一块一块地拼，你知道当时盖这些房子可花了我们好几个月时间呢。"盖盖说。

"只要按照我的方法拆，几分钟就可以盖好。"拉风风自信地说。

"这……怎么可能啊？"盖盖不相信地摇了摇头。

拉风风解释道："将房子全部拆成一块块的木板，再重新盖起来当然费事。可你们国家的房子全是长方体、正方体形状的，这就好办了。我们可以动手只拆几条墙角边，让房子整体展开。这样，拆起来不费劲，想要重新盖起来也方便。"

"那要怎么拆呢？"盖盖对此很感兴趣。

拉风风指着一座房子说："我们先把房顶的三条墙角边拆开，要留一条不拆。上面打开后，再把四个侧面的墙角边拆开。这样，我们就得到了长方体或正方体的展开图。"

"长方体或正方体的展开图？这是什么东西啊？我怎么从来没听说过呢？"盖盖不解地问。

"长方体或正方体的展开图就是把长方体或正方体在平面上展开后所得到的图形。我们知道，长方体和正方体是由长方形或正方形围起来

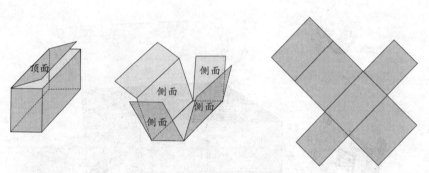

的，我们当然可以反过来把长方体或正方体展开成平面图形喽。有了这个展开图就好办了。等横横国王走了，我们保持房子的底面不动，把四个侧面往上一拉，再把房顶折叠好，用钉子一钉，房子很快就又盖起来了。"拉风风耐心地解释道。

"哇！原来平面图形可以轻轻松松地变成立体图形，立体图形也可以轻而易举地变成平面图形，真是太不可思议啦！"盖盖惊呼道。

盖盖马上召集所有市民，向他们传授了这个简便易行的方法。

"太神奇了！""香香国有救了！"大家紧锁的眉头舒展开了，欢天喜地地跑回家按照拉风风的方法去拆自己的房子了。

盖房子原来这么简单

天亮了，香香国的房子一幢都不见了，地面上铺满了长方体或正方体房子的展开图。

横横国王来了，地面上平平的一片让他感到非常满意："嗯，不错。香香国所有的房子都拆除了！这才是遵纪守法的好公民！"横横国王巡视一圈，得意地走了。

"呼……幸亏照办了。"香香国的公民们深深地呼了一口气，安安心心地盖房子去了。

"底面不动……把四个侧面往上一拉……再把房顶封好，用钉子一钉。大功告成，房子盖好啦！"盖盖念动口诀，不一会儿就盖好了房子，忙叫拉风风过来看看他的成果。

"和展开之前的房子一模一样！"拉风风高兴地说。

很快，香香国的所有房子又都变魔法般地全建起来了！

"这……这也太快了吧！"

"就算横横国王再来几次，也没什么可担心的了。"

香香国的公民又都恢复了往日的自信和笑容。

后来，他们发现，利用展开图还可以做好多好玩的事情呢。天气晴朗时，可以把墙推开，给房子做个大扫除，然后美滋滋地在房子里晒会儿太阳。

晚上，打开房子的屋顶，抬头便能看见月亮和星星。

"看，今晚的月亮多好看啊！"这样的话经常从香香国公民的家中飘出。

房子展开后，还可以做露天歌剧广场，在晚风中演一出《费加罗的婚礼》或者开一场演唱会也很不错哦。

 远方的来信

拉风风离开香香国已经很久了，久得连他自己都几乎忘记这件事了。这天，他突然收到了一封奇怪的信，寄信地址赫然写着：香香国。

"香香国？"于是，那段奇特的经历又在拉风风的头脑中复苏了。他连忙打开了信，只见信上写着：

亲爱的拉风风：

好久不见，近来可好？我们香香国现在可是好得不得了！你知道吗？就在昨天，我们终于打败了横横国。以后横横国王再也不会出现在我们的土地上了，我们的房子再也不用不停地拆拆盖盖了。香香国的公民心里都明白，我们能取胜，最大的功臣其实是你。虽然你没有上战场，可是，是你让我们重新找回了自信，重新站了起来。所以，大家都要我赶紧写封信，向你汇报这个天大的好消息呢！

盼望着你能再次来香香国做客。

你永远的朋友

盖盖

"这真是个好消息！"拉风风又在和小飞飞商量了，"小飞飞，你说我们什么时候再去香香国看看呢？"

拉风风的总结

❶ 什么是展开图?

我们经常看到的长方体纸箱,把它铺展后就会形成一个复杂的平面图形。而我们的衣服也是通过把平整的布料裁剪成适合我们身体的形状,再用针线缝制出来的。像这样,把立体图形在平面上展开后的图形就是展开图。

❷ 长方体和正方体的展开图只有一种吗?

长方体和正方体的展开图根据剪开边的位置不同而有不同的图形,但不管图形形状怎样变化,它们都有6个面,都是完整的图形。具体说来,正方体有11种展开图,而长方体的展开图最多可有54种。下面是长方体展开图中常见的3种:

小知识

巧做包装盒

给好朋友买了件礼物,如果再配上一个自制的包装盒就完美啦!我们先量量礼物的长、宽、高,然后在硬纸上画出包装盒的表面展开图(见图1),注意要预留出粘合处。最后,裁下表面展开图,折叠并粘好,包装盒就做好了。

图1

赛马场一周有多长

●圆的周长●

他们是至交好友，好得可以穿一条裤子，
现在竟然要"反目成仇"了！
他们为什么吵得不可开交？
老臣用了什么"魔法"让他们重归于好？

殿堂上的争吵

"拉尔森，你太过分了！你怎么能说我的马没有野马跑得快？它可是我精心养大的，吃的是最好的草，住的是最好的马棚，我的马从小到大连感冒都没得过，身体不知有多棒呢！"

又来了！这是在塞尔王国经常能听到的争吵。此时，王子殿下正对着他的好朋友——宰相的儿子拉尔森大喊大叫呢。这样的争吵已经成为塞尔王宫里每周都要上演的"节目"了。

其实，王子和拉尔森是一起长大的朋友，他们好得可以穿一条裤子呢！更重要的是，他们有一个共同的嗜好——赛马。尽管两人好得不得了，可是一提起赛马，他们就好像变成了仇人一样。

"好啦！"只听国王怒吼一声，"都给我闭嘴！现在还在上朝，我们正在讨论国家大事。看看你们两个是什么样子？成何体统！"王子和拉尔森只好安静下来，乖乖地站到了一边。

好不容易挨到退朝了，王子拉住拉尔森："小子，给我站住，把话说清楚！"拉尔森停住脚步，对王子说："你的马连感冒都没得过，你看它有多娇气，怎么能和野马比呢？"

"什么？"王子发怒了，使劲攥着拳头，准备揍他一顿。

"哼！我的马要是还活着，说什么也轮不到你的马参赛。"拉尔森鄙视地看着王子。原来，一年一度的国际赛马大会就要举行了。每个国家只能选出一匹马参加比赛。遗憾的是，前两天拉尔森的马受重伤死了，但是一想到王子那匹娇气马要代表国家参加比赛，他心里就很不服气。"你怎么知道你的马跑得有多快？"原来是两人的争吵声惊动了正在看书的顾问大臣——杰斯。

就这么办

"下午好，王子殿下、拉尔森阁下！发生了什么事？"杰斯走了出来。他是塞尔王国的三朝元老，拥有超群的智慧。虽然岁数已经很大了，可他丝毫不糊涂，那满头银发闪烁着智慧的光芒，就连国王也对杰斯十分尊敬。

　　"杰斯老师，您来得正好。我们正在纠结呢。怎样才能知道马跑得有多快？"王子说，"国内已经没有能和我的马比赛的马匹了。拉尔森很不服气呢。"

　　"殿下。我得说句公道话了，国内确实没有什么好马了！有的马甚至都吃不饱，怎么可能比您的马跑得快呢？您的马拥有的待遇让我都羡慕呢！"杰斯笑着说。

　　"杰斯老师，您真是太英明啦！我早就说过，我的马跑得最快。"王子得意地说。

　　"那么，殿下，您能具体说说，您的马到底能跑多快吗？"杰斯严肃地说，丝毫没有赞赏的意思。

　　"这个——"王子一时哑口无言。

　　"杰斯老师，您问得太好了，就应该挫挫他的锐气！"拉尔森拍手笑道。

　　王子只好笑着对杰斯说："您一定有办法知道马跑得多快，对吧？"

　　"殿下难道忘了？我前几天才教过您怎么计算车辆跑多快的问题

吧？"杰斯说。

王子恍然大悟。"哦！对，对！知道路程和时间就可以求出速度。把车辆换成马匹，一样可以啊！拉尔森，我有办法算出我的马跑得多快了。"王子得意地对拉尔森说。

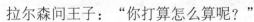

拉尔森问王子："你打算怎么算呢？"

"为了公平起见，我们就拿王宫赛马场一周的长度作为路程。赛马场地形平坦，没有沟沟坎坎的，不会影响马匹的奔跑速度，还容易计算。你们觉得怎么样？"杰斯说道，"我来计算时间。"

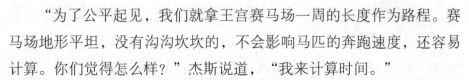

王子和拉尔森都拍手同意："就这么办！"

兄弟联手

"殿下，"拉尔森在王子耳边小声地说，"你知道赛马场一周有多长吗？"

"呃——"王子一下子愣住了，"我还没来得及想那么多呢！没关系，这个我自有办法。"王子拍拍拉尔森的肩膀，"看来，杰斯老师又在想法子为难咱们了。"

"杰斯老师，您搞错了吧？"王子拉着杰斯的袖子说，"赛马场是圆形的，我们不知道一周有多长啊！"

杰斯笑了起来，"王子殿下，您不是说自有办法吗？"

王子深吸了一口气，对拉尔森说："你想出法子了吗？用求正方形和长方形周长的方法，肯定算不出来啊！"

"殿下，要不咱们拿绳子绕赛马场一周，这样能不能量出赛马场

的周长呢？"拉尔森提议说。

两个年轻人此时已经完全把赛马的事情抛在脑后了，准备联起手来解决眼前这个难题。

"说得没错，拉尔森！你脑子还真是灵光，我去找绳子。"王子说着，跑进宫殿里去找绳子了。不一会儿，他拿着一捆绳子走了出来，说："不知道够不够啊。我们试试吧。"

他们把绳子沿着赛马场的里圈铺了起来。一个小时过去了，王子和拉尔森累得满头大汗。"马上就成功了。刚好绕场一周，拉尔森，快找尺子量一量，这段绳子有多长！"王子激动地说。

"殿下，量出来了，一共是185米！"拉尔森说。

这时，只听杰斯"扑哧"一声笑了出来。

"您笑什么？"王子问。

"殿下量的是赛马场的里圈，您骑马的时候不是通常跑外圈吗？"杰斯笑着说，"您难道不量一量外圈和里圈是不是一样长吗？"

"嗯——杰斯老师，我不得不承认您说得有道理。拉尔森，快来量量外圈的长。"王子干劲十足地下了命令。又过了一个小时。"殿下，绳子不够长了！"拉尔森喊道。

"外圈比里圈长呀！我早该想到的。"王子有些生气地说，"这可怎么办？"王子想了半天，说："拉尔森，在那个地方画个标记，再把剩下的一段路用绳子量一下。"

"殿下，别白费力气了。"杰斯说，"您的绳子没有紧贴着赛马场的边缘，七拐八拐的，就算量出来也不是准确的结果。"

"可恶！杰斯，你是在故意看我们的笑话吗？"王子大怒。

"殿下这话从何说起？难道你就是这么对待你的老师的吗？"杰斯有些生气了。

"好吧。杰斯老师，我承认我错了。"王子真诚地说，"现在请您告诉我们，怎么才能求出圆的周长，好吗？"

神奇数字的诞生

杰斯从兜里掏出一枚硬币，又拿出一张纸条，围绕硬币一周。他量了量纸条，将硬币的周长记了下来。

"这就是我们刚才使用的方法呀。可是赛马场那么大，就像您刚才说的，绳子很难完全贴合马场的边缘，不能得出准确的结果。"王子显然有些不耐烦了。

杰斯没说话，他又拿出了一个比硬币稍大的瓶盖，按照刚才的方法又量出了瓶盖的周长。王子和拉尔森面面相觑，他们不明白杰斯为什么要这么做。

"现在让我们做个实验吧！"杰斯说，"硬币的周长约为4.71厘

米，直径是1.5厘米，用周长除以直径，得出的数约为3.14（小数点后保留两位）；再用瓶盖的周长约9.42厘米，除以瓶盖的直径3厘米，也约等于3.14（小数点后保留两位）。你们发现了什么吗？"

"周长和直径的比值相同！"王子说道，"这只是碰巧罢了，并不能说明什么。"

"哈哈，那咱们再多试试。拉尔森，去王宫里拿一只碗、一个盘子、一个杯子，其他凡是圆形的东西也都可以拿些来。"杰斯说。

不一会儿，拉尔森提来了一个大竹篮，里面装着各种圆形的器皿。

"我们再来试试，"杰斯说，他拿出纸条，测量了一只碗的周长和直径，"碗口周长约31.4厘米，直径为10厘米，周长和直径的比值约为3.14。"

"有点意思。"王子说，"再试试这个盘子，我来量一量……这个盘子还真大。拉尔森，把绳子递给我。"王子把绳子绕盘子一周，量出了盘子的周长约为94.2厘米，盘子的直径为30厘米。"盘子周长和直径的比值也约等于3.14！太神奇了！"王子叫道，"杰斯，现在我觉得这不是巧合了。"

"哈哈，殿下。这的确不是巧合。因为圆的周长和直径的比值确确实实是个固定值啊。"杰斯认真地说。

"这个固定值就是3.14？"王子问。

"殿下，您很聪明。不过这个固定值有个特殊的名字，它叫圆周率。"杰斯耐心地讲解说，"用π表示。"说着，他拿起一支小木棍在地上写了一个π。"我们刚才算出来的比值3.14是保留了两位小数的近似值。"

"杰斯老师，您说得我头都大了。这个π到底是多少呢？"

"π是一个无限不循环小数，其值为3.1415926535……计算中我们通常只取它的近似值，即3.14。"

![见证奇迹]

"我们知道了圆周率，可是它有什么用呢？"王子问。

"呵呵，殿下。如果我们总是用绳子去量圆的周长，当然就用不着圆周率了，就像刚才我们能直接量出硬币、瓶盖、碗和盘子的周长。"杰斯解释道，"但是要想知道赛马场的周长，刚才殿下已经试过了，很难量出准确的数值呀。再比如，殿下即将参加国际赛马比赛，那个赛马场可比眼前的赛马场大多了，要想知道它的周长该怎么办呢？"

"是呀！该怎么办呢？"王子说，"杰斯老师，我不正在问您这个问题吗？"

"哈哈。"杰斯笑了起来，"既然咱们刚才用周长除以直径得出

129

了圆周率，而且知道了圆周率是一个固定的数值，那么只要知道圆的半径或直径，是不是就能算出周长了呢？圆的周长＝π×直径，或π×半径×2。我们用C表示圆的周长，d表示直径，r表示半径，就有$C=\pi d$，或者$C=2\pi r$。"

"哦，杰斯，我明白了。"王子说，"只要知道圆的半径或直径，就能知道圆的周长了。"杰斯耸了耸肩。"现在我们能算出赛马场外圈的周长了。那根绳子应该够量出赛马场外圈的直径了。拉尔森，快动手！"王子命令道，"我在这边，你拉着绳子去那边。"

"哼，又要我跑腿。"拉尔森嘟囔着，拿着绳子跑到了赛马场的另一边。"殿下，把绳子拉直！"拉尔森喊道。

拉尔森和王子量出了赛马场的直径。"直径是80米。拉尔森，你来算算周长。"王子说。

"251.2米。"拉尔森迅速地说出了结果。

"阁下，您的口算能力比王子强多了。"杰斯笑着，背着手回屋去了。

言归正传

"王子殿下，别忘了咱们的正事，你的马……"拉尔森说。

"我的马？哈哈，拉尔森，你不说我还真忘了。给我掐着时间，我马上让你知道它能跑多快！"

杰斯的总结

① 求圆的周长，需要知道哪些条件？

因为圆周率π是固定值，所以要想求出圆的周长，只需要知道圆的半径或直径。把直径的数值与圆周率相乘，或用半径数值与圆周率相乘再乘以2，就可以求出圆的周长。

② 已知圆的周长，能算出圆的直径和半径吗？

因为圆的周长的公式为：圆的周长＝π×直径（$C=\pi d$），或圆的周长＝π×半径×2（$C=2\pi r$），所以，用圆的周长除以圆周率即可得到圆的直径，即$d=\dfrac{C}{\pi}$；如想知道半径，只需要把直径数值除以2即可。

③ 半圆的周长怎么求？

半圆的周长和圆周长的一半不同，半圆的周长＝$\dfrac{1}{2}$圆周长+直径。

精确圆周率的发现

古代有很多数学家想尽各种办法求圆周率，但最终求出的圆周率都不够精确。到了公元5世纪，祖冲之求出圆周率在3.1415926和3.1415927之间。这和真正的值相比，误差小于八亿分之一，是当时世界上最精确的圆周率。

菜窖变成了鱼缸

◉ 正方体、长方体的表面积和体积 ◉

有一条幸福的小鱼要过生日了！
但这个生日礼物有点麻烦……
又要够大，又要够豪华，
这可难坏了兄妹俩！

热带鱼过生日啦

"小宝贝，你动一动，动一动。" 艾丽正对着一只玻璃鱼缸说话。鱼缸里有一条漂亮的热带鱼，它躲在一棵水草的后面，嘴一张一合的，好像在打瞌睡。

"它是不是生病了？" 艾丽担心地对哥哥说，"还是这里太冷了，它不愿意动？" 这条热带鱼是爸爸妈妈两年前送给他们的圣诞礼物，艾丽非常喜欢，一直细心照料着。今天是热带鱼的两岁生日，艾丽见它不怎么游动，可着急坏了。

"哥哥，你看咱们的宝贝儿怎么了？" 艾丽撒娇道，用胳膊肘碰了一下在一旁看报纸的皮埃尔。"别担心，它不是好好地在水里吗？又没有漂上来，死不了的。" 皮埃尔说道。

"你说什么呢？" 艾丽有些生气了，"我可不允许它有事，你快想个办法。"

皮埃尔想了一会儿，说道："它一定是觉得鱼缸太小了，才不愿意动的，要不，咱们为它建造一个新家吧？今天正好是它生日，我们就送它个新家好不好？"

"太好了！"艾丽拍手叫道，显然兴奋不已。

"我们马上出发，为建造'新家'买材料去！"

"好嘞。"艾丽说，"我要为它建一个大大的家，让它能在里面跳舞！"

"好啊！你想建多大？花园那么大够不够？我再买几条热带鱼，让它们在里面开派对，好不好？"皮埃尔半开玩笑地说。

"哈哈，亏你想得出来！"艾丽说，"就照你说的办，咱们家的花园里不是有一个菜窖吗？反正已经没用了，不如改建一下，在里面贴上瓷砖，正好可以当作鱼缸。你说呢？"

皮埃尔这下傻眼了，可是刚才话已经说出口，不能反悔了呀。他只好说："呃……这……会不会太费事了？"

"怎么？你说话不算数呀！"艾丽说。

"不是，不是。"皮埃尔急忙摆手，"那好吧，咱们现在就去建材市场。"

建材市场的老板克洛伊见到兄妹俩来了，高兴地打招呼："嘿，小家伙，你们的爸爸妈妈呢？"他拍着皮埃尔的肩膀高兴地问："又要装修房子了吗？"

"见到你很高兴，克洛伊叔叔。爸爸妈妈没来，是我俩想买点东西，最近你进新货了吗？"皮埃尔问道。

"哈哈，欢迎光临！"克洛伊笑着说，"新货当然有啦，你们需要点什么？"

皮埃尔说道："我们想把菜窖改建成鱼缸，所以要在菜窖的底部贴上防水的瓷砖。"

"真有你们的，这可是个大工程。"克洛伊说，"不过，光贴菜窖底部恐怕还不够吧，四周也要贴上瓷砖吧？否则，鱼缸里放满水以后，水该多浑浊啊！"

"你说得对，克洛伊叔叔。"皮埃尔说，"你这儿有什么瓷砖呢？"

克洛伊把他们领到一排架子前，说道："品种虽然有限，但不同花纹和规格的防水瓷砖也有50多种，足够你们选择的了。哦，顺便问一下，你家的菜窖的表面积是多少？我可以推荐一款适合的。"克洛伊问。

"表面积？"皮埃尔和艾丽异口同声地问，"那是什么？"

"怎么？你们不知道表面积，怎么能知道买多少块瓷砖呢？"克洛伊说。

皮埃尔说："请你先告诉我们什么是表面积。"

克洛伊指着地上装瓷砖的箱子说："就拿这个箱子来说吧。你们看，这个箱子是一个长方体。它有6个面，对不对？"

皮埃尔点点头，回答道："是的，这个我知道。"

"长方形的面积你会算吗？"克洛伊问。

"当然会！"皮埃尔神气地说，"长乘以宽嘛。"

"真棒，小家伙！"克洛伊竖起大拇指，说道，"只要求出长方体6个面的面积总和，就得到了这个长方体的表面积。"

"原来是这样！"皮埃尔用力地点点头，"那求表面积有什么用呢？"

"小家伙，你不是要在菜窖里面贴满瓷砖吗？那我们得知道一共要贴多大面积，才能算出需要多少块瓷砖啊！"

表面积？

菜窖的表面积

"你家的菜窖有多长？"克洛伊笑着问。

"大概1.5米，跟我的身高差不多吧。"皮埃尔说。

"哦，那宽度呢？如果你家的菜窖是正方体，就比较好办了。"

"不。菜窖不是正方体，我很肯定。对吧，艾丽？"皮埃尔说道，"我们得回去量一量。"

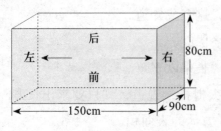

"快去吧。"克罗伊说。

皮埃尔拉着艾丽跑回了家。他喊道："艾丽，去屋子里找把尺子来。对了，要用卷尺才行，卷尺在爸爸书房里。"

一会儿，艾丽拿着一把卷尺跑了过来："哥哥，给你！"

"艾丽，咱们来量一量菜窖有多大。跳下来！"皮埃尔说着，跳进了菜窖里，开始量地面的长度。"你站在那边，把卷尺的顶端按在边缘上，不要动。"皮埃尔说着，拉出卷尺走到另一边。他们把卷尺贴在菜窖的地面上，然后抻直了。"菜窖长150厘米。"皮埃尔说，"咱们再来量一量宽吧。"

兄妹俩用相同的方法，量出菜窖宽为90厘米。

"哥哥，咱们知道长和宽了。"艾丽说，"能求出菜窖的表面积了吗？"

"我想想啊，咱们量出来的是长和宽，现在能算出咱们脚下这块长方形，也就是菜窖底部的面积。"皮埃尔说，"克洛伊叔叔说了，菜窖的四周也要贴上瓷砖，这样我们还得算一算这四个侧面的面积。"

"可是，咱们怎么算呢？"艾丽又问。

"哎呀，你看，我左手和右手两面墙的面积是一样的，它的长就是地面的宽，我们要量量它的宽了，也就是这个菜窖的高啊！"

皮埃尔对艾丽说："艾丽，你上去！我拽着卷尺的顶端，你把它抻直，手别松开啊！"

"好！"艾丽对哥哥说。

他们抻直了尺子，让尺子垂直于地面的一条边。"别动，别动，

艾丽你看一看，上面的那条边指向的刻度是多少？"

"80厘米。哥哥，你要上来了吗？"艾丽在菜窖外面喊。

"把手伸给我，拉我上去。"皮埃尔说道。

"还有前后两面墙没算呢！你看，前后墙的面积也是一样的啊！而且，这个墙的长等于地面的长，墙的宽还是等于刚刚量过的高！"皮埃尔激动地喊道。

"哥哥，我们把每条边都量好了啊！那我们赶紧算算表面积有多大吧。"

"好的，就算算四个侧面的面积吧。前侧面的长是150厘米，宽是80厘米，面积就是150×80=12000平方厘米；左侧面的长是90厘米，宽是80厘米，面积是90×80=7200（平方厘米）。"皮埃尔说道，"因为菜窖里相对的两面墙是一样大的，所以四面墙的面积是12000×2+7200×2=38400（平方厘米）。再加上地面的面积

150×90＝13500（平方厘米）……那么，菜窖的表面积是51900平方厘米。"

"克洛伊叔叔不是说长方体有6个面吗？你算的是5个面呀。"艾丽问。"哎呀，你真笨，你想把菜窖封起来吗？菜窖顶部什么也没有，怎么贴瓷砖？"皮埃尔说。

"对哦！"艾丽调皮地吐了一下舌头。

"咱们赶紧去找克洛伊叔叔，让他给咱们挑一种好的瓷砖。"两人又回到了建材市场。"克洛伊叔叔！"他们喊道。

"这么快就回来啦！"克洛伊说，"算出结果了？"

"是的。我们家的菜窖表面积是51900平方厘米。长150厘米，宽90厘米，高80厘米。"皮埃尔说，"我们该买什么样的瓷砖，买多少呢？"

克洛伊想了想，拿来了一块瓷砖，说："就买这种吧，一块瓷砖是600平方厘米的，长30厘米，宽20厘米。"

"一块600平方厘米。那么，51900÷600＝86.5。"皮埃尔说，"我们只要买87块瓷砖啊。"

"是啊，我派人给你们送到家。好不好？"克洛伊笑着说。

问题接二连三

三天后，皮埃尔和艾丽终于把瓷砖贴好了。菜窖变成了漂亮的鱼缸啦。正当皮埃尔拿着皮管子往鱼缸里灌水时，艾丽叫住他："哥哥，先别灌水，我可不想让咱们的热带鱼生活在普通的水里。"

"那你想怎么样？"皮埃尔问，"你不会想用养鱼专用的水吧？

咱们那个小鱼缸只需要两瓶，可这么大的鱼缸要多少瓶呀？"

"我不管！"艾丽说道，"需要多少瓶你来算！"

皮埃尔只好来到了鱼店，他找到了鱼店的老板帕克先生。

"帕克先生，你好。"

"你好，皮埃尔。又来买养鱼的水吗？"帕克问，"这次还买两瓶？"

"不，先生。这次我需要的多一些。"皮埃尔说。

"要多少呢？"

"一个长150厘米，宽90厘米，深80厘米的鱼缸，要装满水，需要多少瓶呢？"

"那可需要很多瓶了。至少要1000瓶啊！"帕克说。

"啊？这么多！先生，你是怎么算出来的？"皮埃尔问。

"你看——这先要算出鱼缸的体积。"帕克说，"你的鱼缸是一个长方体，我给你举一个例子吧。"说着，帕克从货架上拿出了几个装鱼食的小盒子，"这是棱长为1厘米的小正方体，它的体积是1立方厘米。我先拿出8个，拼成一个长方体。我再拿出9个，拼成一个长方体。皮埃尔，你知道拼出来的这两个长方体的体积吗？"

皮埃尔认真地数了起来："第一个长方体由8个小正方体拼成，它的体积就是小正方体的8倍，也就是8立方厘米；而第二个长方体由9个小正方体拼成，它的体积就是9立方厘米！"

"再数数两个长方体的长、宽、高吧！"

"第一个长方体，长是4厘米，宽是1厘米，高是2厘米；第二个长方体，长是3厘米，宽是1厘米，高是3厘米。"

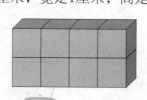
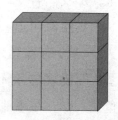

"你发现了什么？"帕克问。

"长方体的体积正好等于长×宽×高呀！"皮埃尔叫道，好像发现了什么惊天秘密一样。

天文数字

"150×90×80=1080000（立方厘米）。天啊！"回到家后，皮埃尔和艾丽算了起来，"一瓶养鱼水是1000毫升，也就是1000立方厘米，那我们需要1080000÷1000=1080（瓶）啊。"

艾丽惊叫道："这么多啊！那还是算了吧。"她难过地低下了头："没有养鱼水，小鱼一定不喜欢这个新家的……小鱼不搬家了！"皮埃尔开玩笑地说："小鱼不喜欢，可是我喜欢啊！我想要像鱼儿一样，在水池里游泳呢！"

❶ 长方体和正方体的表面积如何计算？

长方体的长、宽、高分别用字母a、b、h表示，表面积用S表示，那么，$S=2(ab+ah+bh)$。

正方体的棱长用字母a表示，表面积用S表示，那么$S=6a^2$。

❷ 长方体和正方体的体积如何计算？

长方体的长、宽、高分别用字母a、b、h表示，体积用V表示，那么$V=abh$。

正方体的棱长用字母a表示，体积用V表示，那么$V=a^3$。

❸ 长方体和正方体有没有共同的体积公式呢？

长方体的底面积=长×宽，正方体的底面积=棱长^2，那么，长方体（或正方体）的体积=底面积×高，如果用S表示底面积，上述公式可以写成$V=Sh$。

几何学和欧几里得

谈到物体的体积，就不能不谈到"几何学"，几何学是数学学科的一个重要分支，它主要研究空间的有关问题。古希腊数学家欧几里得被称为"几何之父"，他最著名的的著作《几何原本》在数学发展史上有着深远的影响，这本书是欧洲数学的基础，被广泛地认为是历史上最成功的几何学教科书。

彻底搞砸了

◉ 圆柱的表面积和体积 ◉

一块诱人的蛋糕，激发了她的奇思妙想。

她要自己动手，让梦想变成现实。

只可惜……

百密一疏啊！

蛋糕的诱惑

"嘿，佩妮，快看那块蛋糕！它看起来多诱人呀。"当你听到这句话的时候，一定以为是哪个淘气的孩子在说话吧。那你可就错了。

她是精灵世界的公主，每当月圆的时候，她都有机会来到人类世界逛一逛。今天，她碰巧路过了"好时光蛋糕店"，就立刻被橱窗里摆放着的各式蛋糕吸引住了。她拉着自己的好伙伴佩妮的手，激动地叫了起来。

不过，你不用担心，她们说的话人类是听不见的。而且，精灵们的个头只有一个海棠果那么大，谁也不会轻易发现他们。精灵公主有个动听的名字——妮可，精灵世界里的人们都很喜欢她。妮可长得漂亮，又温柔可爱，而且见多识广，她每次从人类世界回来，都会为精灵世界带来点新鲜玩意儿。

大伙儿吃过她带回来的巧克力、口香糖，还喝过可乐、酸奶，等

等。可这些都不算什么，妮可最难忘的要数奶酪蛋糕！妮可记得，在她一百岁生日那天，曾吃过一块蛋糕，她今年已经二百岁了，依然没有忘记蛋糕香甜的味道。

当她再次看到香甜的蛋糕的时候，一个奇妙的想法从她的脑子里闪过：如果我学会了做蛋糕，那该多好啊！想吃的时候自己做，还能给精灵世界的人们分享。不如，现在就去看看蛋糕是怎么做出来的！

自学成才

"佩妮，跟我来！"妮可带着佩妮绕到了蛋糕店的后面，"哇哦！这就是做蛋糕的地方啊！"

"没有人呀！"佩妮从门缝里钻进了厨房，"妮可，快进来！这里真神奇。"妮可也跟着钻了进来："哈哈！真是太棒了！咱们看看

这里都有些什么好东西。"只见工作台上放着各种原料：面粉、酵母、牛奶、鸡蛋、糖，还有巧克力酱、花生酱……

"妮可，这些东西咱们精灵世界都有呀！可是，怎么才能做成蛋糕呢？"佩妮问道。

妮可露出神秘的笑容，说道："虽然咱们看不到糕点师傅做蛋糕，但是我发现了一本'秘籍'，就是这个！"妮可翻着一本书说，"这就是做蛋糕的'秘籍'吧！你看上面的蛋糕，比橱窗里的还好看！"佩妮也探过头来，十分好奇地看着。"妮可，'秘籍'上写着蛋糕的制作方法呢。我们可以按照上面的做法，自己做蛋糕呀！"佩妮说。

"是啊！咱们就把制作蛋糕的方法记下来，回去请教我的老师——哈里先生，他一定会帮助我们的。"妮可说道。

"好主意！"佩妮说。

勇敢地尝试

妮可和佩妮回到了精灵王国。"总管大臣！马上给我准备面粉、酵母、牛奶、鸡蛋……还有烤箱。"妮可刚走进王宫就下了命令。

总管大臣问："请问公主需要多少？仓库里有很多呢！"

"呃……先都扛一袋子来。烤箱要最大号的。"妮可还真被问住了。事实上，她也不确定烤蛋糕需要用多少材料。这得请教哈里老师呀。"快请哈里老师来，我有急事找他。"

"是！"总管大臣接了命令，马上吩咐仆人们去办了。

不一会儿，哈里老师来到了王宫。哈里是精灵王国的智者，也是很多精灵王子、公主的启蒙老师。他能解决各种各样的问题，至今还没有什么事情能难倒他呢。

"哈里老师，您可来了！我又有新问题了，您可要帮帮我呀。"妮可着急地说。

"慌什么？有什么问题是我解决不了的吗？哈哈！"哈里慢吞吞地说，"你又有什么鬼主意了？"哈里老师太了解妮可的个性了，整个精灵王国就数她的怪主意最多。

"我想自己做蛋糕！上面有巧克力、奶油的那种蛋糕。"妮可说，"就是我一百岁生日的时候，您从人类世界给我带回来的那个样子的。"

"哈哈，你这个小滑头！"哈里老师真的有些吃惊，他怎么也没想到妮可会提出这样的要求。

"老师，您有办法的，对吧？"妮可撒娇道。

哈里沉默了一阵，说："先让我想想办法。你想做多大的蛋糕呢？"

"先做个小的，就当试试看，好不好？"妮可用手比画了一下，"够10个人吃的吧。"

"圆形的？"哈里问。

"当然是圆形的了，圆形的多漂亮呀！"

"那就做个直径10厘米、高5厘米的圆柱体蛋糕吧？"

"那到底有多大呢？"妮可问，她用手比画了一下，"有这么大吗？"

"比这个大多了！我们得来算算要用多少面粉，算出这个圆柱的体积就可以知道。应该要用不少面粉哟！"哈里说。

"圆柱的体积？能算出来吗？"妮可问。

"当然啊！"哈里接着说，"你知道正方体、长方体的体积怎么算吧？圆柱的体积也是可以求出来的呀。"

妮可一脸疑惑地看着哈里。

哈里找来了一根圆柱体的蜡烛，又拿了一把小刀。"妮可，你还记得当初我教你求圆的面积的时候，是怎么求的吗？"

"当然记得啊！"妮可说，"要把圆分成很多很多份呢。"

"现在，我再给你演示一次，不过这次要分割的不是圆，而是圆柱了。"哈里把圆柱体的蜡烛的底面分成了许多份相等的扇形。

他用小刀把蜡烛切开，又拼了起来（如下图）。"你看，圆柱变成了什么？"哈里问妮可。

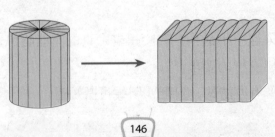

"一个近似的长方体！"妮可说。

"是啊！你知道怎么求长方体的体积，对不对？"

"嗯。底面积乘以高嘛。"妮可回答。

"那你看这个近似的长方体，它的底面积跟圆柱有什么关系？高又跟圆柱有什么关系呢？"

"长方体的底面积就是圆柱的底面积，长方体的高就是圆柱的高呀！"

"哈哈，妮可真聪明。"哈里说，"既然长方体的体积是底面积乘以高，那么圆柱的体积就是——"

"也是底面积×高！"妮可叫道。

"完全正确！"哈里高兴地说，"所以，我们要做直径10厘米、高5厘米的蛋糕，你能算算体积有多大吗？"

"圆的底面积是 $3.14 \times 5^2 = 78.5$（平方厘米），高是5厘米，那么体积就是 $78.5 \times 5 = 392.5$（立方厘米）。"妮可惊叫起来，"这么大呀！"

"是啊，要想把这么大的蛋糕装进盒子，我们还需要做一个很大的纸盒子才行！"

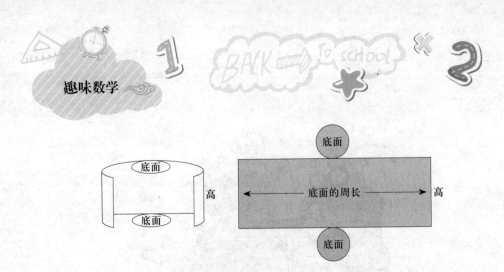

"天啊，这么大的圆柱得要多大的纸才够做个盒子啊！"

"这就需要知道圆柱的表面积啦！"哈里回答。

"圆柱的表面积？怎么才能求出圆柱的表面积呢？"妮可问道，"圆柱的上底和下底都是圆，我会算出面积。可是，圆柱的侧面是一个曲面，怎么用尺子量呢？"

"当然不用尺子量呀！"哈里说，"我给你变个魔术。"

不一会儿，哈里从王宫的厨房里找来了一个圆柱体的空罐头。他用钳子把罐头的盖子和底剪了下来，使空罐头变成了一个圆筒。哈里把圆筒剪开，奇迹发生了——圆柱的侧面展开后变成了一个长方形。

"哇！原来是这样！"

"你知道怎么求圆柱的侧面积了吗？"哈里问，"侧面展开后是一个长方形，只要知道这个长方形的长和宽就可以求出面积啦！"

"是呀！这个长方形的长——就是圆柱底面的周长，宽就是圆柱的高。"妮可拿着那个被剪开的侧面比画着，"圆柱的侧面积就是底面周长×高。"

"那圆柱的表面积呢？"哈里又问。

"侧面积加上两个底面的面积不就是吗？"妮可高兴地说。

"妮可最聪明了。现在你来算算我们需要多大的盒子吧！"

"圆柱两个底面的面积：$2 \times 3.14 \times 5^2 = 157$（平方厘米）；侧面

积=3.14×10×5=157（平方厘米）；圆柱的表面积=157+157=314（平方厘米）。"

"对啊！"哈里说，"我们至少需要这么大的纸，在操作中还要留出多余的部分用来粘贴！"

"我这就叫人去做！"妮可说。

彻底搞砸了

哈里就按照算好的体积开始和面，然后把面团做成了一个直径为10厘米，高为5厘米的圆柱体。最后，他们把面团放进了烤箱。20分钟过去了。"老师，蛋糕应该烤熟了吧？"妮可问。

"应该熟了，快打开烤箱，拿出来看看。"哈里说。当妮可打开烤箱的时候，却惊呆了。"老师！不好了！面团把烤箱都塞满啦！"

看来，哈里真的该退休了。他算得那么仔细，却忘记了面团在烤的时候会变形。不使用模具来固定蛋糕的形状，烤出来的蛋糕当然会塞满整个烤箱。

① 如何求圆柱的表面积？

圆柱的表面积=圆柱的侧面积+两个底面的面积=底面周长×高+两个底面的面积。

如果用S表示圆柱的表面积，h表示高，r表示圆柱底面半径，那么，圆柱表面积的计算公式是：

$S=2\pi r^2+2\pi rh$。

② 如何求圆柱的体积？

圆柱的体积=底面积×高。如果用V表示圆柱的体积，S表示底面积，h表示高，那么圆柱体积的计算公式是：

$V=Sh$。

如果知道圆柱底面的半径r，圆柱的体积公式还可以写成：

$V=\pi r^2h$。

圆柱最大吗？

在底面周长相等、高也相等的长方体、正方体和圆柱体中，圆柱体的表面积和体积都是最大的。所以，很多容器都被设计成了圆柱体，例如水桶、水杯等。你很少见到方形的水桶或水杯吧？不信，你就来算一算。

厨神老爸

◉ 认识平均数、中位数和众数 ◉

丰厚的平均月薪，
微薄的实际收入，
饭店经理到底用了什么办法，
让员工的工资看上去很美？

没主意的舒克爸爸

舒克的爸爸里克斯是个车间工人，他平时有个最大的爱好，那就是研究菜谱，制作美味可口的菜肴。

每当爸爸做的菜一上桌，舒克总要瞪大眼睛欣赏一番。没办法，谁让爸爸做的菜如此诱人呢？你看，五颜六色的蔬菜码放得整整齐齐，好像彩虹般美丽；椒麻鸡色泽鲜亮，香气扑鼻；青豆粉蒸肉刀功精美，味道清香……这简直不是饭菜，而是绝妙的艺术品！

一天早上，舒克在报纸上看到一则广告，几天后他们所在的城市要举办厨艺大赛，便拿着报纸给爸爸看，让爸爸也去报名参加比赛。

里克斯是个很没主意的人，听到儿子的建议，他有些犹豫："这个嘛……你看，爸爸怎么能参加专业的厨艺大赛呢，我只是喜欢研究研究菜谱，平时随便做做菜而已……可是，你说，爸爸要是去参赛的话能行吗？"

"爸爸，我觉得您的手艺比专业厨师还好呢，您去参赛的话绝对没有

问题。如果您从此成了饭店大厨，也是为广大市民造福啊！"

里克斯有点动心了，他也想在大众面前一试身手，看看自己的水平到底如何，于是就去大赛组织者那里报了名。

几天之后，厨艺大赛就开始了。预赛有各种各样的环节，比如刀功、面艺之类的，每个环节都通过电视直播出去，并由场外观众进行投票。

舒克发动了好多亲朋好友，大力为爸爸投票，所以舒克爸爸的人气一直很高。不过舒克爸爸可不全仰仗他们投票，他在各个环节中的表现也非常优异，因此，他渐渐地在众多选手中脱颖而出。

周末晚上，紧张的决赛开始了，这次比赛要考验的是选手们的综合素质，题目是每人做一桌宴席，宴席上的菜品由自己来定。

主持人一吹哨子，选手们立即忙开了。只见里克斯和助手煎炒烹

炸，动作如飞，忙得不亦乐乎。没用多长时间，他便第一个完成了任务。

里克斯对主持人说，这桌菜名叫"金秋蟹宴"，他一边指着桌子上的菜品，一边介绍说："这是蟹肉珍珠水饺，那是蟹黄芦笋……"这满桌子菜不仅色香味俱全，而且营养价值很高。评委们拿着筷子一一品尝过每道菜后，对里克斯的厨艺赞不绝口，纷纷亮出了高分。

最后，里克斯一举击败了所有对手，获得了"厨神"的称号。这下，他的名字被更多的人知道了。这几天，舒克家的电话响个不停，都是他家的亲朋好友打来的贺喜电话，里克斯从来没有这么开心过。

平均数里的陷阱

比赛刚结束不久，就有两家饭店慕名而来，想请里克斯当大厨。一下子收到两张邀请函，里克斯有点不知所措，他不知道是继续当车间工人呢，还是就此转行当厨师。

看到爸爸愁眉不展，舒克便问他："爸爸，您是不是又拿不定主意了？"

"还是儿子了解我！"里克斯把自己的苦恼告诉了舒克。

"爸爸，那您工作的目的是什么呀？"舒克认真地问爸爸。

里克斯坦诚地说："爸爸要负起养家的重任，所以我想多挣点钱，好给你们娘俩花。"

"既然您目的明确，那就好办了，哪儿给的工资高就去哪儿上班好了。爸爸，您去面谈的时候带着我，我帮您参谋参谋。"舒克帮爸爸作了决定。

　　他们去的第一家单位是金秋饭店，里克斯进入饭店后，舒克就在外面等着。饭店经理希尔热情地接待了里克斯，他向里克斯介绍了饭店的情况，然后询问里克斯还有什么要了解的。

　　"您的介绍已经很全面了，我还想知道我到这里工作能拿到多少工资。"里克斯问。

　　"我们这儿的工资水平是因人而异的，没有统一的标准。不过我可以告诉您，这里的员工平均月薪是4000元。怎么样，不低吧？"希尔有些得意地说。

　　里克斯心想："平均月薪是4000元，那大多数员工的月薪应该都是4000元左右。我在车间每个月能挣2000元，要是来这儿上班，工资岂不是翻了一倍？"

　　他刚想答应来这儿工作，可是又想到还有一家饭店没去看，便说："好的，谢谢您的介绍，我再考虑考虑。"

　　里克斯走出金秋饭店，等在外面的舒克立即迎了上来，问："爸爸，谈得怎么样？"

　　"还不错，这家饭店给的工资挺高的，员工的平均月薪是4000元，比我在车间上班多不少呢。"

　　"那您的月薪是多少呀？"

　　"没具体谈，我想应该就是4000元吧。"

　　"唉，爸爸，您可真糊涂，怎么没具体问一下呢？"舒克埋怨道，"员工的平均月薪是4000元，可这不代表给您的就是4000元呀。"

厨神！

食

　　"也是，那我再回去问问。"里克斯说。

　　"爸爸，不用回去问了。我觉得这个经理闪烁其词的，咱们还是自己去打听打听吧。"舒克说。

　　他们一起进入饭店，来到了厨房门口。"咦，这不是厨神嘛！你来这里干吗？是指导工作吗？"一个胖胖的厨师认出了里克斯，兴奋地嚷嚷起来。听到他的喊声，其他的厨师连忙放下手中的活计，纷纷围了过来。

　　"我是来应聘的，想打听一下这里厨师的工资水平。"里克斯解释道。

　　"我就是厨师，我的工资是2000元，在饭店里算较高收入了。"那个胖厨师说。

　　"我们好几个厨师的工资都是1500元。"有个厨师接着说。

　　"怎么会这样？我听经理说，这里的员工平均月薪是4000元啊。"里克斯纳闷极了。

"经理说的没错，他总是用月薪的平均数迷惑外来的人，不过这把戏可骗不了我们，因为我们根本就拿不到那么多钱。"那个胖厨师撇了撇嘴，不屑地说。

里克斯听了很气愤，便带着舒克去找希尔经理："你在忽悠我吧？我已经问过别的厨师了，没有一个厨师的工资是4000元！"

"平均工资的确是4000元。不信，你看看工资报表。"说完，经理把饭店的工资报表递给了里克斯。

金秋饭店12月份工资报表

员工	经理	厨师 A	厨师 B	厨师 C	厨师 D	服务员 E	服务员 F	服务员 G
工资(元)	22700	2000	1500	1500	1500	1200	1200	400

里克斯一看，只有经理的工资很高，别人的工资没有超过2000元的，于是客气了几句就离开了。

路上，舒克气愤地说："那个经理不直接告诉您月薪是多少，只说了个平均数，我就觉得这里面有问题。既然大多数人都挣一千多，就他一个人挣两万多，怎么可以用平均数来表示大家的工资水平呢？这不是骗人吗？"

"我算算他们的平均工资啊，看那个经理是不是多报了。（22700+2000+1500×3+1200×2+400）÷8……"里克斯拿出纸和笔算了起来，一算出结果，他立即惊呆了，"嘿，还真是4000元，看来那个经理也没虚报。"

"就算那个经理报的没错，可是大家的工资差得这么悬殊，他就不能用平均工资来蒙外人。"舒克皱着眉不满地说。

"那你说说他应该怎么介绍他们饭店的工资水平呢？"

舒克想了想，说："地道的做法是告诉你工资的众数，众数是一组数据中出现次数最多的数。比如这家饭店，1500元出现的次数最多，它就是这里员工工资的众数，能反映大多数人的收入水平。"

"没想到平均数还能骗人呢。"里克斯终于明白了其中的猫腻，"这里的经理不诚实，而且员工的工资也太低了。"

老爸换风格了

接着，他们去了第二家单位——海港大酒店。酒店的洛克经理热情地接待了他们，并向他们介绍了酒店的情况。谈到最后，舒克的爸爸又问到了工资情况。

洛克经理拿出一张表格，介绍道："我们这里员工的工资一

共分9级，从1000元到9000元不等，每一级相差1000元。鉴于您是厨艺大赛冠军，所以如果您到我们这里工作，我们会给您定5000元的月薪水平，这在厨师中算是很高的了。如果您以后做得好，我们还会提拔您做厨师长，月薪8000元起。"

里克斯一看，5000元正好处于这组工资的中间位置，不高也不低。于是他想了想，便对洛克经理说："我愿意为这家酒店效力，也期待能与您共事。"

洛克经理握住里克斯的手，高兴地说："您能同意可真是太好了，那明天咱们就签合同吧。"

辞别洛克经理后，舒克打趣地说："爸爸，您这次可没用我帮忙出主意哦，您这么快就作了决定，一点都不像您的风格！可怜我，英雄无用武之地啊！"

里克斯笑了笑，说："爸爸之所以这么快就作了决定，一是因为这家酒店的经理开诚布公，把他们酒店的工资水平都罗列出来，很值得信任。"

"那'二'是什么？"舒克调皮地问。

"二是我受到你用众数的启发，这次想到了中位数。你看5000是1000、2000到9000这9个数里的中位数，处于这组数的中间位置，比它少的有4个等级，比它多的也有4个等级，所以我不会觉得自己待遇低。更重要的是，我一看到前面还有4个等级，就产生了强烈的晋升欲望，所以我愿意在这里好好干。"

厨神老爸

舒克和爸爸的总结

1 什么是平均数?

一组数据的总和除以这组数据的个数所得到的值，叫作这组数据的平均数。平均数常用来代表一组数据的"平均水平"。

2 什么是众数?

一组数据中出现次数最多的数值叫众数。有时众数在一组数据中不止一个，如数据2、3、–1、2、1、3中，2和3都出现了两次，它们都是这组数据的众数。众数用来代表一组数据的"多数水平"。

3 什么是中位数?

一组数据按从小到大（或从大到小）的顺序排列，处在中间位置的一个数或中间两个数的平均数就是中位数。中位数像一条分界线，将数据分成前半部分和后半部分，因此用来代表一组数据的"中等水平"。

平均数的应用

平均数是统计学中最常用的统计量，用来表明资料中各观测值的集中趋势。在畜牧业、水产业生产实践和科学研究中，平均数被广泛用来描述或比较各种技术措施的效果、畜禽某些数量性状的指标，等等。

小水妖炼魔豆
●认识扇形统计图、折线统计图●

晾制的鱼干被人下了毒，
妈妈高烧不退，
小水妖该怎么办？
他们能查到幕后黑手吗？

森林里来了个黑魔王

　　绿沼森林里生活着一群水妖，他们喜欢依水而居，拦河筑坝，绿沼森林也因为他们的存在而生长得郁郁葱葱。因此，各种飞禽走兽也都来到这里定居，森林里永远是那么的生机勃勃。

　　水妖们平时以鱼为食，偶尔也吃些树上的浆果，水塘边那一栋栋小木屋就是他们的家。每到秋天的时候，水妖们都会把鱼晒成鱼干，储存起来过冬。

　　有一天，一个黑魔王路过绿沼森林，他见到这片茂密幽深的大林子，心里高兴极了，因为他正要找个地方安家呢。

　　这个黑魔王心眼特别坏，他自从在森林里安家后，便想方设法地使坏主意祸害森林里的小动物，不是把狐狸抓来替他看门，就是把兔子抓来为他做饭，反正他把森林里的小动物都当成自己的奴隶一样对待。

　　慢慢地，林子里的动物们纷纷搬走了，他们去找更安全、更自由

的地方了，绿沼森林变得越来越冷清。这下，黑魔王想找人欺负也越来越难了。

黑魔王被激怒了

有一天，黑魔王溜达到水塘旁边，看见几个小水妖正在岸边玩耍，便指着他们喊："喂，你们过来一下。"

小水妖波波不知道是怎么回事，连忙问："有什么事吗？"

"你们几个去把我家的地扫扫。"黑魔王说。

"你自己为什么不干？"

"少废话，让你去你就去，把我惹恼了可不好玩！"黑魔王气势汹汹地说。

"你是谁？为什么这么神气？"波波问。

"我是黑魔王，你们没听说过吗？"

"你就是黑魔王啊，动物们都说你是坏蛋呢，我们才不去你家帮你干活呢。"

黑魔王大怒，波波和其他小水妖见他恶狠狠地走过来，都扑通扑通跳到水塘里去了。黑魔王不会游泳，只能站在岸上指着水里的小水妖们破口大骂。骂了半天，他见小水妖们也不上岸，便指着他们吼道："哼，咱们走着瞧！"

见黑魔王走远了，小水妖们才战战兢兢地爬上岸来，七嘴八舌地说："这家伙真凶啊，怪不得大家都要离开这个森林呢，要不咱们也搬走吧。"

"不用怕他，"波波说，"他不会游泳，奈何不了咱们。下回他要是再来，咱们就想个办法捉弄捉弄他。"

小水妖们都认为黑魔王很快就会来捣乱，但是一连几天过去了，黑魔王的身影始终没有出现，他们的警戒慢慢有点松懈了。

晒鱼干喽

快到储存过冬食品的时候了，小水妖们都忙着抓鱼，抓完鱼再把鱼洗净、晒干。这些小家伙真能干，一天下来能抓到好多条大鱼。还有一些小水妖由妈妈带领，负责制作鱼干。他们把鱼收拾好，用一条绳子把鱼鳃穿起来，穿成一串挂在树上，等晒干了再收起来。

小水妖们每天都沉浸在劳动的快乐当中，渐渐地把黑魔王的事忘在了脑后。他们不知道，黑魔王其实一直在暗处观察着他们，只是因

为他不会游泳，一时想不出对付小水妖的好办法。

这天，黑魔王看到小水妖在屋前晾晒鱼干，脑子里突然蹦出来一个主意，然后他就冷笑着离开了。

当天晚上，黑魔王躲在水塘边的树林里，看到小木屋里的灯熄灭了，便蹑手蹑脚地走了过来。他在树上悬挂的还未晒干的鱼串上下了毒，想把小水妖都毒死。

第二天，水妖妈妈领着几个孩子继续做鱼干。她先检查了一下前一天的鱼干，还撕下一块放到嘴里尝了尝。这一尝可不要紧，水妖妈妈当场就晕倒了。

醒来后，她发现自己躺在屋子里，浑身发烫，体温高得吓人。孩子们都围在她旁边，紧张地看着她，担心得不得了。水妖妈妈对他们说："不要吃鱼干，有毒……"说完又晕了过去。

"一定是黑魔王下的毒，这家伙太卑鄙了。"小水妖们气愤地说。可是妈妈中的毒要怎么解呢？小水妖们没了主意，一个个都愁眉苦脸的。

"去找爷爷想个办法吧。"波波说,"爷爷的主意最多了,不管什么问题都难不倒他。"

波波领着几个弟弟顺着河水向上游游去,没过多久他们便来到了水妖爷爷的住处。水妖爷爷见到他们可高兴了,他笑眯眯地问:"你们今天怎么到这里来啦?"

波波说:"爷爷,我妈妈被黑魔王下了毒,现在一直高烧不退,您快想个办法救救她吧!"

水妖爷爷听说后连忙翻箱倒柜,他从箱子里扔出来各种各样奇怪的东西,小水妖们都看傻了。最后,水妖爷爷翻出来一个纸卷,兴奋地说:"就是它,这是解毒剂的最佳配方,能解除各种中毒症状。"说完,他就把这个纸卷交给了波波。

波波接过纸卷,说了声"谢谢爷爷",转身便往外跑,想尽快去

给妈妈解毒。可他刚跑出去几步就被水妖爷爷叫了回来："我还没说完呢，赶快回来。"

波波又跑回到了爷爷面前。爷爷从罐子里抓出一大把豆子，量了量，用布包好，说："解毒剂必须用我种出来的豆子做原料，其他的原料按照纸上列出的找就行了。煮熟后每次吃一勺，两小时吃一次。"

波波答应了一声，拿着爷爷的豆子，带着弟弟们回了家。到了家里，波波赶紧打开爷爷给他的纸卷，只见上面写着："魔豆炼制法：需把所有原料放在锅里用小火煮，直到把水煮干。"

纸的右上角有一排文字和颜色标记，只见"豆子"的字样旁边有个黄色标记，"水"的旁边有蓝色标记，"草鱼皮"旁边有绿色标记，"菊花瓣"旁边有紫色标记。

纸的下面有一张扇形统计图（见图1），标题上写着"解毒剂配方比例统计图"。

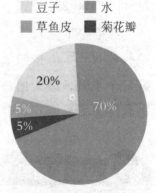

图1 解毒剂配方比例统计图

统计图里的秘密

"这像个大饼，怎么看得出比例呢？"一个弟弟说。

波波仔细地看了看，说："你看右上角这一栏，每个原料前面都有一种颜色，意思是说如果画图的话，这种颜色就代表这个原料。所以，这张统计图里绝大部分的原料是水，用蓝色标出，还标着占总量的70%；黄色的部分是豆子，占总量的20%；绿色的部分是草鱼皮，紫色的部分是菊花瓣，它们各占总量的5%，这些就是全部的配方了。"

"那每一样该配多少呢？"又有一个弟弟问。

波波说："咱们就以爷爷送的豆子为准吧，可以用它推算出来。"

大伙七手八脚地称了一下爷爷给的豆子，刚好是100克。波波说："豆子占总量的20%，总量不知道，可以设为x。根据已知条件，可以列出算式：x×20%=100（克），由此可以算出x=500（克）。总量是500克，水占总量的70%，那水的质量应该是500×70%=350（克）。草鱼皮和菊花瓣各占总量的5%，所以质量都是500×5%=25（克）。好了，大家快准备锅，开始配药吧。"

几个小水妖去找其他的原料，几个小水妖架锅炼药，没过多久，原料都找齐了。按照纸卷上的方法，小水妖们炼起了豆子。他们花了好几个小时，终于把一大锅水熬干了，草鱼皮和菊花瓣早就被煮得找不到踪影了，锅底只有一堆发出奇怪味道的豆糊。

豆糊管用吗

小水妖们小心翼翼地弄出豆糊，来到妈妈的床前，将一勺豆糊慢慢地送到妈妈嘴里，然后又给妈妈喝了一碗水。"妈妈身上这么热，吃下这个会好吗？"一个小水妖担心地说。

"我们记录一下妈妈的体温吧，每吃一次就记录一次，爷爷说这是解毒良药，一定很管用的。"波波说。

小水妖豆豆把妈妈的体温记录了下来。2个小时后，妈妈又该吃药了，吃过药，量体温，温度比上次低了些。

夜深了，小水妖们轮流休息，他们每隔2小时就帮妈妈服一次药、量一下体温。就这样，到了第二天，他们已经记录了10次体温，每次量出的体温都不一样。

有个小水妖看着这些数字，焦急地说："唉，妈妈的体温一会儿高一会儿低的，也不知道她的病情有没有好转。"

波波看了看本子上的测量时间和温度，突然有了一个主意，他说："要不我们做一张图吧，这样就能直观地看出妈妈的体温变化了。"

"做什么样的图呀？""那图该怎么画呀？"大家听了七嘴八舌地问。

波波说："先建立一个坐标，横轴代表时间，纵轴代表温度，将每次测量的结果用圆点表示出来，再用线把各点顺次连接起来，不就能清楚地看出体温的变化了

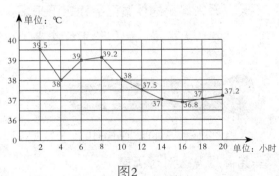

图2

吗？"说完他根据本子上的记录，把这张图（见图2）画了出来。

有个小水妖好奇地问："这种图真奇怪，叫什么名字呀？"

波波看了看刚画好的图，只见图上的线段曲曲折折的，于是他说："就叫折线统计图吧。"

大家把脑袋都凑在了一起，聚精会神地看着这张图。"啊，我看出来了。"豆豆兴奋地说，"妈妈第一次吃完药后体温最高，是39.5℃，最低时是36.8℃，比第一次测量的时候低了不少，看来妈妈的病好多了！"

"是啊！你们再看，妈妈第二次吃药的时候体温降了不少，不过后来又升了上去，可是接着又降了下来。最近这几次的测量结果相差不大，看来妈妈的体温已经稳定下来了。"波波开心地说。

"噢，太棒了，妈妈终于好起来了！"大家一阵欢呼。

小水妖PK黑魔王

就在小水妖的欢呼声中，水妖妈妈苏醒过来了。她把小水妖叫到一起商量怎么对付黑魔王。

"妈妈，黑魔王一定不知道他下的毒已经被咱们解了。"波波说，"咱们不如将计就计，都装成中毒了的样子，把他骗来，趁机捉住他。"大家听了纷纷点头赞同。

夜里，他们偷偷地在房前挖了一个大坑，上面放上干树枝、稻草和浮土。第二天，小水妖们集体躺在床上装病。

黑魔王一直在远远地窥视着他们。这天，他没

有见到小水妖的任何踪迹，便得意地想："他们一定全都被毒死了，我这就瞧瞧去！"

黑魔王大摇大摆地向小木屋走去，刚走到门口，只听"咕咚"一声，黑魔王整个人都掉进了大坑里。大坑里还被小水妖灌上了水，不会游泳的黑魔王这下可吃尽了苦头，差点淹死。好在小水妖们及时赶了过来，把他给捞了出来。

波波拿出一捆绳子，把黑魔王牢牢地绑了起来。然后他又拿来一串鱼干，对黑魔王说："这些鱼是我们准备过冬的食物，现在送给你吃吧。"

黑魔王吓坏了，连忙说："我不吃鱼，我吃素。"

"不吃也得吃，我们喂你。"说着，豆豆摘下一条鱼就要往黑魔王嘴里塞。

黑魔王吓得"扑通"一声跪下了，苦苦哀求道："我以后再也不敢下毒了，你们饶过我吧。"

① 扇形统计图

扇形统计图用整个圆表示总数，也就是100%，用圆内各个扇形的大小表示各部分数量占总数的百分比。扇形面积越大，其占总量的百分比越大。使用扇形统计图，可以清楚地表示出各部分数量同总数之间的关系，扇形统计图中所有扇形表示的百分比之和为1。

② 折线统计图

折线统计图用一个单位长度表示一定的数量，根据数量的多少描出各点，然后把各点用线段顺次连接起来，以折线的上升或下降来表示统计量的增减变化。

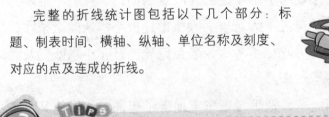

完整的折线统计图包括以下几个部分：标题、制表时间、横轴、纵轴、单位名称及刻度、对应的点及连成的折线。

生活中的折线统计图

折线统计图在我们的生活中有着广泛的应用，比如股票分析图、心电图、血压变化统计图、月平均气温变化情况统计图等。使用折线统计图，能清楚地看出数量的增减变化幅度和变化趋势，方便人们寻找解决相应问题的对策。

制作幸运转盘

◎ 设计符合要求的方案 ◎

丁丁整天沉迷于网游世界，
当他玩游戏的时候，
无意中进入一个神秘的城堡，
他能回到现实世界吗？
谁来救救他？

摆脱不了的网游

丁丁最近迷上了网络游戏，已经很长时间没好好学习了。上课的时候，他怎么也听不进老师讲的内容，满脑子都是游戏画面。放学的铃声一响，他便一溜烟地跑出校门，来到学校附近的网吧。

这天放学后，丁丁想："今天我就不去网吧了，赶紧回家，这周去的次数太多了。"他的脑袋里虽然这么想着，可两条腿却不听使唤，还是把他带进了学校附近的网吧里。

丁丁打开一台电脑，输入账号和密码，进入了熟悉的游戏界面。这个网游是新出的，丁丁刚一玩，就立即迷上了它。这个游戏奇幻的画面给丁丁一种新鲜的感觉，里面的人物也特别让人着迷，所以丁丁一玩就放不下了。

有时候，丁丁也会责备自己玩物丧志，耽误了功课。可是一放学他却鬼使神差一般，又跑到网吧去玩游戏了。今天就属于这种情况。

丁丁玩了一个多小时，渐渐地有些困倦了，他玩着玩着就趴在桌子上睡着了。

蒙蒙眬眬中，丁丁感觉有人在拍他的肩膀，同时耳边响起了训斥的声音："嗨，这里是你睡觉的地方吗？快起来！"

丁丁睁眼一看，只见眼前站着两个健壮的男人。其中一个伸手抓住他的衣服，一把就将他拎了起来，随手又把他扔在地上，厉声喝道："居然敢在城主的书房里睡觉，你是干什么的？是不是奸细？快说！"

丁丁被他说得有点糊涂，心想："什么书房呀？"他一看四周，立即惊呆了，原来自己竟然躺在一个陌生的房间里。这是到哪儿了？面对这个凶神恶煞般的男人，丁丁不知从何说起。

这时，另一个人走过来说："这个小孩会不会是新来的随从？今天城主不是说会有一个小孩来给他当随从的吗？"

那个男人连忙问："你是不是新来的随从？"

丁丁心想：当随从总比被误会成奸细要好。于是他连忙说："是的，是的，我是新来的随从。因为没有人引见，我无意中走到了这里，后来太困了我就睡着了。"

"那你怎么不早说？看，我差点把你当成奸细揍一顿。"那人把丁丁从地上拉了起来，"你跟我们去见城主吧。"

丁丁跟着他们两个人，穿过一个又一个长廊，不知上了几层楼

梯，又七拐八拐地走了半天，终于在两扇铁门前停了下来。一个男人对丁丁说："你先在这里等会儿，我去禀报一下城主。"说完，他推门走了进去。

过了一会儿，那人走出来说："城主让你进去呢。"

丁丁跟在他的后面，走到了一个大厅里。大厅装修精美，地上铺着厚厚的地毯，走在上面怪舒服的。大厅里站着一个大胖子，他一看到丁丁就问："你是幽兰古堡推荐的随从吗？"

丁丁小声说："不是，我也不知道自己是怎么到这儿来的，请您放我回家吧。"胖男人正要说话，这时一个人从外面走了进来，拿着一张纸条说："城主，您刚才写给我的电话号码看不清楚，我打不了。"

城主接过纸条，看了半天也没认出来，他说："要到这个电话费了半天劲，先找了洛奇，又找了哈桑，接着找了……找的人太多，我

都记不清是谁告诉我的了。难道要我再打一圈电话去问吗？"

丁丁看了看纸条，只见上面写着32*68987，便说："不用再打电话问了，看不清的*的位置只能是0～9，你们可以从32068987试起，如果不对，就试试32168987、32268987，一直试到32968987，试10次总有1次会成功的。"

"看看这孩子，多有办法！再看看你，一有问题就知道问我，也不自己想想主意！"城主指责着刚才进来的那个人，却忘了自己也没有想出什么好主意。

城主看着丁丁，越看越喜欢："你真是个聪明的孩子呀，我都舍不得放你走了。我先领你到处转转，相信你会喜欢上这里的。"丁丁脱身不得，只好答应了。

第二天，城主带丁丁去了一座大城市。原来，那座城堡只是城主的住宅，他在城里拥有好几家大商场，他的身份其实是个生意人。

城主和丁丁边走边聊，不一会儿，他们来到了一家饰品店。和周围其他的商店比起来，这家饰品店显得很冷清。

城主对丁丁说："这家店是新开的，生意一直不怎么好，顾客也不多，我看你还挺机灵的，打算让你负责这家店的生意，你看怎么样？"

"如果我能让这家店的生意好起来，你怎么报答我呢？"丁丁问。

"呵呵，你真是个会讲条件的小孩啊，你说你想要什么吧。"城主笑着问。

丁丁立即说："我想回家。"

"这个好说，只要你能让这里的生意好起来，我马上让你回家。"城主拍着胸脯说。于是丁丁便留了下来，没有和城主一起回城堡。

丁丁再出妙招

接下来的几天，丁丁一直在留心饰品店的生意。他发现饰品店所处的位置还是不错的，这里是商业区，之所以没有什么顾客来，可能是因为这家店刚开业不久，知名度不够。丁丁觉得，要想提高饰品店的知名度，最好的办法就是做宣传，而做宣传的方式没有比搞抽奖活动更能吸引人的了。

于是，当城主再次来到饰品店的时候，丁丁把自己的想法告诉了城主。

城主满意地说："我就知道你准有好主意，那咱们就办一次抽奖活动吧。你觉得要办多久？怎么样抽奖才好？"

"怎么着也得办一个月吧？抽奖的具体办法我想过了，只要在饰品店购物的顾客就有一次抽奖的机会，中奖率100%。奖品分为三等，一等奖是黄金饰品，二等奖是银制饰品，三等奖是水晶饰品，可以采用幸运转盘的方式抽奖。"丁丁说。

"幸运转盘是什么样子的？"城主从来没有听说过这种东西，觉得很新奇。

"转盘上有一个固定不动的指针，转盘的盘面上标着几种奖项，顾客只要转动转盘，当转盘停下来的时候，指针指在哪种奖项的区域，这个顾客就可以获得相应的奖品了。"丁丁一边说着，一边在纸上画了个幸运转盘的草图。

城主看了看草图，说："是个好办法，我回去就叫木匠做一个送过来。"

第二天，城主果然带着一个转盘来到了饰品店。他们把转盘放到

了门口最显眼的地方，还用大喇叭反复播放抽奖的信息。

很快，转盘前便围了好多人，大家看着转盘议论纷纷。有几个人出于好奇，还去店里买了点东西，然后过来抽奖，他们抽中的全是三等奖。而更多的人看了一会儿就走了。

城主在店里待了一整天，等到快关门的时候，他问丁丁："这种办法效果不太好啊，你觉得问题出在哪里？"

丁丁指着幸运转盘说："转盘上一等奖和二等奖的区域太小了，很难抽到，而三等奖的区域太大了，明眼人一看就知道这里面有多大的机会，所以看的人多，抽奖的人少。"

城主点点头说："这个木匠真会为我省钱啊，不过这钱省的不是地方，我马上回去让他改。"

诱人的抽奖活动

第三天一大早，城主就带着改好的转盘来到了饰品店。一进门，他就对丁丁说："今天这个一定会火。"

丁丁一看，只见转盘上一等奖区域占了将近一半的面积，剩下的才是二等奖和三等奖，于是他担心地说："一等奖可是黄金饰品啊，这么做行吗？"

"做生意嘛，有'舍'才有'得'。为了提高商店人气，这点投入是值得的。"城主说完，又把转盘摆在了门口。

从开门营业的那时起，饰品店的顾客就渐渐地越聚越多，到后来，等着抽奖的顾客排成了长长的队伍。城主一看来了这么多人，乐得嘴都合不上了。

可是还没到中午，店里的伙计便告诉城主："咱们的一等奖黄金饰品快发完了，请您赶紧想办法吧。"

城主连忙让人从城堡里再运一批黄金饰品过来，可是到了晚上商店关门的时候，新送来的那批奖品也见底了。

城主皱着眉说："今天的抽奖活动虽然搞得很热闹，但是这些奖品送出去得也太快了点吧？特别是一等奖，一天下来，我们送出去多少黄金啊，这要是搞一个月的话，那损失可太大了。"

丁丁说："是啊，我也觉得这次您的一等奖区域画得太大了，送出去这么多黄金饰品，也是意料之中的事情啊。"

转盘到底怎么画

"这么画也不对，那么画也不行，这个转盘到底该怎么画呀？"城主有些不耐烦了。

"您觉得每天送出去多少黄金饰品才是您能承受的呢？"丁丁问。

"送出去多少我都能承受，问题是咱们做的是生意，做生意的目的是赚钱。今天的一等奖确实太多了，中奖率是它的五分之一就行了。不过今天损失也不大，毕竟咱们收到了很好的宣传效果，看到店里顾客满满的我就很开心。"

丁丁说："现在转盘上的一等奖区域将近50%，如果把它缩小为原来的五分之一，那一等奖的区域就应该是总面积的10%，二等奖可以定

30%，剩下60%都是三等奖，这样各种奖项的中奖率就平衡多了。"

"这个建议虽然不错，可是怎么才能画得那么精确呢？"城主问。丁丁想通过计算扇形的面积来确定各个区域的大小，可是扇形的面积是怎么算的？他想了半天也没想起来……唉，都怪自己最近没好好听课，关键内容根本没记住。

不计算面积，还能用什么方法呢？丁丁绞尽脑汁，苦苦思索着。这毕竟不是小事，关系到他能否早点回家呀！

丁丁看着各个区域的大小，又看着各条线之间的夹角，突然灵光一闪，他兴奋地说："有办法了！若按角度说，转盘一周是360°，它的10%就是36°。只要从转盘的中心点出发，量出一个夹角是36°的扇形区域，不就是一等奖的中奖区域了吗？二等奖占30%，这个扇形区域的夹角就是360°×30%=108°，剩下的就全是三等奖的中奖区域了。"

丁丁接着说："在画中奖区域的时候，别把三个奖项的区域集中在一起，不然人们一看就知道一等奖的中奖几率小。可以把一等奖、二等奖、三等奖穿插起来画，就像这样。"说完，丁丁在纸上画了一个幸运转盘（如下图）。

"你看，各个奖项的总面积一眼根本看不出来，这样就能激发顾客的兴趣了。"丁丁说。"还是你鬼主意多。"城主连连赞叹道。

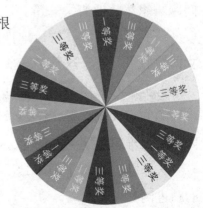

城主当晚没有回城堡，他们就在店里把转盘按照丁丁说的方法改造好了，等着第二天开门时继续做活动。

丁丁能回家吗

天刚亮，就有伙计来报告城主："店外面已经有顾客来排队了，一定是慕名前来的吧。"城主十分高兴，他让伙计赶紧去买早餐，送给门外排队的顾客。

商店开门后，新的转盘拿出来了，顾客们看到后虽然有点失望，但是这并未打消他们的抽奖热情，结果今天一天的抽奖活动又很成功。

就这样，抽奖活动一直办了一个月，等活动停止的时候，这家饰品店人气仍然很旺，每天都有不少顾客上门选购商品。城主拍着丁丁的肩膀说："这都是你的功劳啊。"

"现在店里生意这么好，您可以放我回家了吧？"丁丁说。

"你会回家的，不过还要再等一阵子。"城主说。

"还等什么，我现在就要走。"丁丁发现城主说的话有点不可信，便生气地挣脱他，拔腿就跑。

"你去哪儿？快点抓住他。"城主对身边的保镖叫道。

两个保镖向丁丁扑了过来，丁丁慌不择路，不知道该往哪个方向跑。忽然，他脚下一滑，一下子掉进了水坑里。

丁丁不会游泳，拼命地挣扎着。他的胳膊一动，立即惊醒了，原来这是一场梦……

丁丁从网吧出来后一直回想着这个梦，他觉得自己的知识太匮乏了，还是学习重要啊，否则再遇到困难是很难想到解决办法的。

从那以后，丁丁便下定决心努力学习，再也没有踏进网吧一步。

丁丁的总结

① 怎样设计符合要求的方案?

在设计某个活动方案的时候,要先了解活动所要达到的目的。目的明确后,要和参与活动策划的人进行探讨,达成共识。同时要做好整个活动的时间安排,比如什么时候开始,什么时候完成什么事情,让事情时时在掌控之内。另外,我们还要考虑到所有可能发生的状况,并想出解决办法,这样在活动执行的时候,不管遇到什么问题,我们都能够轻松应对。

② 圆心角与可能性的关系

顶点在圆心的角叫圆心角。移动转盘时,圆心角越小,转到其对应扇形区域的可能性越小;圆心角越大,转到其对应扇形区域的可能性越大。转盘上某扇形面积占总体的百分比,等于该部分所对应的圆心角的度数与360°的比。

可能性是没有记忆的

掷硬币的时候,假如扔了9次都是正面,那么第10次会是正面还是反面呢?相信不少人会认为应该是反面了。然而正确答案是,正面和反面的机会一样大,因为被掷过9次的硬币根本记不住它做过什么,不管哪一次,扔出正面和反面的可能性都是一样的。

181

米斯斯古堡历险
复杂的方程（一）

在这里，"芝麻开门"的暗语失灵了，
方程才是打开古墓之门的万能钥匙。
在这里，恶魔黑曼没辙了，
因为只有会解方程才是无往而不胜的利器！

陌生的亲戚

　　"咚咚咚"，一阵敲门声把米斯斯从睡梦中惊醒。米斯斯揉了揉眼睛，伸了个懒腰，不情愿地从被窝里钻了出来，嘴里嘟囔着："烦不烦啊？大清早就来敲门。"

　　"谁呀？"米斯斯打着呵欠问道。

　　"我是米波波，是你的亲戚。"门外传来一个陌生的声音。

　　"米波波？我怎么没听说过有你这么一个亲戚啊？"米斯斯满腹狐疑地打开门。一个瘦瘦高高的身影和寒风一起飘了进来。

　　那个自称米波波的人拉住米斯斯的手热情地说："我的好兄弟，可找到你啦！"

　　米斯斯越听越糊涂："等等，我们真的是亲戚吗？"

　　米波波急了："我大老远跑来你还不认我了？也怪我没说清楚。我长话短说，在一百多年前，我们是同一个祖先，都住在米镇上的米酷古堡里。后来，你的爷爷娶了外姓人，离开了古堡。明白了吧？说

来，我还是你的表哥呢。"

米斯斯恍惚记得爷爷曾讲过米酷古堡的事，一下子来了兴致，忙说："看来咱们还真是亲戚，快请坐下，好好给我讲讲古堡的事。"

米波波叹了口气，道："唉，我们古堡现在已经没有往日的兴旺了。我今天来就是想请你帮忙的。"

"古堡到底遇到什么麻烦了？只要我能帮得上，上刀山下火海也在所不辞！"米斯斯大义凛然地说。

米波波很是感动，道："最近我们古堡来了一个恶魔，他自称黑曼，一到天黑就出来捣乱，又偷东西又抢钱的，还装成妖怪吓唬小孩子，闹得人心惶惶。为了捉住这个黑曼，我们几乎出动了全部警力。可是黑曼实在是太狡猾了，又是个数学天才，他作案后常会留下一道道数学题让我们猜。你的爷爷曾是我们古堡最聪明的数学家，可自从

他走后，我们古堡居民的数学也就荒废了，根本不知道这些题从何解起，所以一直没有找到黑曼的下落。我们实在是没有别的办法了，这才想到找你这个数学家的后人来帮忙。"

米斯斯对黑曼也是恨得牙痒痒，就对米波波说："你放心，这件事我管定了。可是，我们怎么去古堡呢？"

"我的交通工具就在门外！"米波波拉着米斯斯走到门外，米斯斯果然看见一个不明飞行物停在家门口。

"这是我们古堡特有的飞行器——飞猫，虽然不如你们这里的飞机样子好看，可它的速度快如闪电。我们现在就走吧。"

又一起盗窃案

米斯斯和米波波一起乘坐飞猫降落在古堡前，正碰上一个小姑娘慌慌张张地跑过来。

米波波认出小姑娘是蛋糕店的米妙妙，忙问："妙妙，你这么慌

里慌张的，发生什么事了？"

米妙妙说："黑曼昨晚又行动了，他偷走了我家的传世金表。现在，我正要去报警呢。"

米斯斯走上前，对妙妙说："妙妙，别着急，黑曼有没有留下什么线索？"

米妙妙递给米斯斯一张纸条，说："喏，就是这个。他每次作案后，都会留下一张纸条。"

米斯斯接过纸条，见上面写着：

我借你家的金表一用，你随时可以过来取。我就住在黑森林的古墓里。当然，你可以叫上警察和你一起过来，我随时恭候。

黑曼留

"这个黑曼也太猖狂了。走，我们这就去找他！"黑曼这张充满挑衅的纸条，更激起了米斯斯的斗志。

米斯斯和米波波很快找到了古墓。可是古墓的门紧闭着，如何打开呢？

"芝麻开门！"米波波想起了阿里巴巴和四十大盗的故事。可是，门并没有像故事里那样自动打开。米波波有些急了："表弟，咒语失灵了，门打不开可怎么办啊？"

米斯斯没有回答，只是凝神看着古墓旁边的一块墓碑。米波波不禁也观察起了这块墓碑，只见上面写着：

这儿埋着洛克王的骨灰。下面的数字可以告诉你，他的一生究竟有多长。他的父亲活了84岁，比他的寿命的2倍多4年。洛克王的年龄就是古墓的开门咒语。

米波波犯愁了："这个刁钻的黑曼……洛克王到底活了多少岁，

185

鬼才知道呢！"

米斯斯却微微笑道："这不就是一道简单的方程题吗？根据题意，洛克王的年龄和他父亲的年龄有下面的关系：父亲的年龄－洛克王的年龄×2＝4。我们可以设洛克王活了x岁，那么，列出方程就是：$84-2x=4$。"

"嗯，有道理。可是，这个方程该怎么解呢？"米波波问。

"要解这个方程也不难。我们可以把$2x$看成一个整体，在方程左右两边同时加上一个$2x$，方程就变成了$84=4+2x$。然后，在方程左右两边同时减去4，方程又变成了$80=2x$。这时，再将方程左右两边同时除以2，可得$x=40$。看来洛克王活了40岁啊。"

米斯斯的话音刚落，古墓的门缓缓打开了。

米波波惊喜地说："真有你的，表弟。看来请你帮忙是请对了。走，进去看看。"

古墓追踪

米斯斯和米波波举着火把走进黑漆漆的古墓里。由于年久失修，古墓里早已破落不堪，曲曲折折的道路好似迷宫，青灰色的墙壁上挂满蛛网，阴森森的气氛令人毛骨悚然。更恐怖的是，时不时还有一两只蝙蝠飞过，两人吓出了一身冷汗。两人定了定神，仔细查看起这个阴森森的古墓，只见墓中除了陈列着一个个棺椁外，还有许多间密室。

"这么多密室，我们上哪儿去找黑曼啊？真要命！"米波波有些泄气了。

"别着急，我们慢慢找，总会找到一些线索的。"还是米斯斯沉得住气。

两人又举起火把，开始仔细搜索。也许是悬疑小说看多了，两人都是那么小心翼翼，生怕碰上什么机关。

突然，米波波叫道："表弟，快来。这个棺材上插着一面小旗，上面好像有字。"说着，米波波伸手就要去拔。

"慢着！"米斯斯抢步过来大叫道，"小心有机关。这种地方经常设有暗弩，一经触动就会万箭齐发，躲都躲不及。"

米波波吐了下舌头，道："我一激动差点犯下大错。那我们现在怎么办？"

米斯斯从地上捡起一块碎石，说"先用这块石头打一下旗，要是没有反应，就证明这里是安全的。"

石头扔过去了，并没有想象中的乱箭飞出。看来这个黑曼还没有这种头脑哦！这就好办多了。米斯斯这样想着，伸手拔下小旗，念

道："我藏在某间密室里，这间密室的号码，就是下题的答案：我有一箱草莓，按计划天数，每天吃4颗，则多出48颗，每天吃6颗，则少8颗。你能算出我有多少颗草莓吗？哈哈，这个黑曼真是幼稚得可爱，竟然能想出这样的问题。"

米波波却笑不出来了："嘿，又是一道数学题。表弟，这次还是得你上。"

米斯斯略一思索道："草莓的数量和计划吃的天数是一定的。根据题意，每天吃6颗草莓需要的总数要比每天吃4颗需要的总数多（48+8）颗。我们可以设计划吃 x 天，列方程可得：$6x-4x=48+8$。"

"那，这个方程该怎么解呢？"见方程左边有两个 x，米波波又无从下手了。

"很简单，我们可以首先运用乘法分配律将方程左边化为（6-4）x，这样方程就化简成为：$2x=56$，解得 $x=28$。"

"这样，就可以列出算式求草莓的总数了：28×4+48=160。"米波波兴奋地说，"走，我们去160号密室！"

黑曼的真面目

米斯斯和米波波顺着古墓一路找下去，终于走到了160号密室门口。可是，黑曼到底是什么样的人呢？他有没有手枪？万一对我们开枪怎么办？两人在门外犹豫着，不敢进去。

古墓里死一般沉寂，米斯斯壮了壮胆说："我们一起冲进去把黑曼捉拿归案，怎么样？"

"太冒险了，我可不能拿你的生命开玩笑。"米波波认真地说。

米斯斯适应了古墓的沉寂，理智又回来了。他镇定地说："没关系的。从这一路和黑曼的较量，我敢肯定，以他的智商还不至于对我们的生命造成什么威胁。"

米波波想想也是，更重要的是，现在在他眼中米斯斯就是个无所不能的救世主，他的聪明程度和他的爷爷不相上下。于是米波波点点头说："那好吧，我数一、二、三，我们一起撞门。"随着米波波"三"字落地，门被撞开了。

眼前的情景又让米斯斯和米波波吃了一惊。密室里哪有黑曼的踪影？只有一只凶猛的大老虎被关在笼中。"黑曼不会藏在关老虎的笼子里吧？"米波波疑惑地说。

这时，老虎突然发威了，两眼瞪着笼子顶大吼，甚至想扑上去。米斯斯和米波波举起火把一看，只见一个戴着眼镜的黑衣男子趴在笼子顶上，样子还蛮斯文的。

"你就是黑曼,还不束手就擒?"米斯斯喊道。

"不好,露馅啦!"黑衣男子嘟囔着,趁米斯斯和米波波不备,夺路跑出了密室。"别跑,黑曼!"米斯斯和米波波追了上去。

可黑曼毕竟是神偷出身,飞檐走壁是他的看家本领,米斯斯和米波波哪里追得上他?眼看黑曼就要逃出古墓了,突然古墓门口传来一声厉喝:"黑曼,哪里走?"只见一个帅气的警察堵住了门口。

原来,米妙妙在米斯斯和米波波走后,怕他们出意外,就到警察局报了警。警察一路追踪到这里,正碰上逃跑的黑曼。

闪亮的勋章

"黑曼被抓住了!"天还没亮,这一消息就传遍了整个古堡。很快,古堡堡主以贵宾之礼接见了米斯斯,授予他一枚闪亮的勋章,上面写着:古堡英雄。

"波波,你能不能快点?"结束了一天的战斗,归心似箭的米斯斯不觉冲驾驶飞猫的米波波喊道。"这已经是火箭速度啦!"米波波回道。说话间米斯斯已回到了家门口。

米斯斯的总结

① 列方程解决问题的步骤是怎样的？

列方程解决问题分四个步骤：

① 弄清题意，找出未知数，用x表示。

② 分析、找出数量之间的相等关系，列出方程。

③ 根据天平保持平衡的道理来解方程。

④ 把解代入方程中，检验解得的值是否正确。

② 算术解法与方程解法的区别是什么？

① 用方程解决问题时，未知数用字母表示，参加列式；算术解法中未知数不参加列式。

② 用方程解决问题是根据题中的数量关系，列出含有未知数x的等式，求未知数的过程由解方程来完成。算术解法是根据题目中已知数和未知数间的关系，确定解答步骤，再根据四则运算法则列式计算。

TIPS 小知识

韦达与方程

我们都知道$3x+2=0$是一个简单的方程。如果我们不用方程式，该怎么表示这种等量关系呢？"一个数的三倍加上2等于零。"这多麻烦啊。现在你知道这些抽象的字母和符号是多么有用了吧！不过，这套数学语言可不是天生的，第一个有意识地、系统地使用符号，推进方程论发展的人是法国科学家韦达。他也因此被誉为"代数之父"。

客串侦探费泡泡
复杂的方程（二）

数学考砸了，还被人莫名其妙地撞了一下，
费泡泡的心情糟透了。
可倒霉蛋也有转运的时候，
你看，巧解方程让他出尽了风头，
心情渐爽的费泡泡
还美滋滋地客串了一把大侦探。

数学考砸了

"嗨，怎么这么没精打采的？这可不像你的风格啊！"费泡泡正懊恼地走在放学回家的路上，冷不防被人从背后拍了一下肩膀，吓了一跳。

他一回头，见是同班同学黄美美，就叹了口气道："唉，数学考砸了，回家怎么向老爸老妈交代啊？这回死定了！""你数学一向不错，从未跌出过班级前三名啊，这次怎么爆冷了？"黄美美的语气颇有些幸灾乐祸的意味。费泡泡白了她一眼，指着试卷上的几个红叉叉说："算式马虎了，这道题我明明会的，可最后一步算错了。还有，最后一道应用题我忘记写'答'了……"

黄美美斜着眼睛看了一眼费泡泡的分数，惊呼道："90分还说自己考砸了？你还让不让我活了？"难怪黄美美会这么说，因为马马虎

虎的她还从没考到过90分呢！费泡泡瞅了一眼黄美美说："谁让你有个温柔又体贴的妈妈呢，又不会逼着你天天考100分。要说我老妈，那简直是超级生猛，要是知道我考了这个分数，还不得把我剥了皮烧肉吃？"

听到这里，黄美美"嗤"的一声笑了："行了，哪有这么形容自己妈妈的？要我说，90分已经够好了。谁能保证回回考100分啊？那不是人，是神人！"话虽这么说，但这些刺眼的红叉叉还是让费泡泡感到心烦。"行了，别郁闷了。今天是我生日，一块到我家去热闹热闹吧！"黄美美不容费泡泡拒绝，拉着他就走。

生日是哪天

费泡泡迷迷糊糊地跟着黄美美往前走。真是人到了倒霉的时候，喝凉水都塞牙缝。就在黄美美家的大门口，费泡泡居然和一个人迎面撞了个满怀，更可气的是，那家伙怀里不知揣着什么东西，将他撞得

生疼。本来就气不顺的费泡泡心中休眠已久的小火山爆发了："没长眼睛哪？"

来人恶狠狠地瞪了费泡泡一眼，那眼神分明在说："臭小子，今天要不是有急事在身，早就揍你一顿了。"

费泡泡的心情现在简直差到了极点，他咬了咬牙道："让倒霉事来得更猛烈些吧。"然后他以"我不入地狱谁入地狱"的架势走进了生日宴会现场。费泡泡发现班里黄美美的死党都在场，竟鬼使神差地说了句："你们来得够齐的啊？今天是什么日子啊？"

黄美美不高兴了："你脑子让门挤了吧？不是说了是我的生日吗？"费泡泡一拍脑袋，总算想起来了："哦，对，对，对！哎，你生日是几号啊？"这不合时宜的问题彻底把黄美美激怒了："你是来踢场子的吧？好，我告诉你，你给我竖起耳朵仔细听好了。我的生日是某年六月份的第一个星期六。而且呢，把这一年六月份所有星期六的日期相加，结果正好得80。这下，你该知道我的生日是哪天了吧？"

这个问题把费泡泡的魂儿彻底唤了回来。他上下打量着黄美美，撇着嘴说："没想到啊，你竟然能想出这样的数学题，以后该对你刮目相看啦。"黄美美不耐烦地说："收起你这副怪样吧。这是我从一本叫《趣味数学》的书上看到的，不过，我把它改编了一下，活学活用罢了。快说答案！"费泡泡打起精神，边想边说："设你的生日是6月x日，x既然是六月份的第一个星期六，x必然小于或等于7……"

"嗯，听起来有些道理。"黄美美在一边说。

费泡泡接着分析："第一个星期六是 x 日，第二个星期六则是（ $x+7$ ）日，第三个星期六是（ $x+14$ ）日，第四个是（ $x+21$ ）日，假设六月份有四个星期六，那么列出方程为：$x+(x+7)+(x+14)+(x+21)=80$。方程左边把 x 和数字分别相加，则方程可化简为：$4x+42=80$。方程左右两边同时减去42，得 $4x=38$。这样算出来 x 不是整数，说明六月份有5个星期六，第五个星期六是（ $x+28$ ）日，这样一来，方程就变成了：$x+(x+7)+(x+14)+(x+21)+(x+28)=80$。"

费泡泡按这种假设算了算，说："按上面的方法解这个方程，算出 x 等于2 。算出来了，你的生日是6月2号。"

这下，黄美美简直要对费泡泡顶礼膜拜了："我当时看着专家的解题步骤都没弄明白结果到底是怎么算出来的呢，你居然这么快就算对了。'数学奇才'的称号真不是盖的！"

当着这么多"美女"的面被黄美美盛赞，费泡泡有些飘飘然了，刚才的郁闷一扫而空。

IPAD不翼而飞

生日宴会热烈地进行着，费泡泡起哄说："黄美美同学，今年你又收到了什么生日礼物？让我们大家见识一下呗！""你们等着！"黄美美美滋滋地扭身回屋拿礼物去了。

没想到，大家没等来黄美美的礼物，却等来了她的尖叫声："哎呀，不好了，我的IPAD丢了。"接着，惊慌失措的黄美美飞奔而至。"什么？发生了什么事？你慢慢说。"费泡泡说。"今天爸爸送给我一个IPAD作为生日礼物，我就把它放在了卧室的书桌上。可是现在，桌子上什么也没有。我可怜的IPAD……"珍爱的礼物失踪了，黄美美几乎痛哭流涕。

费泡泡对此很不以为然："你们女孩子就这样，遇到点儿事就哭鼻子。你想想是不是被你家里人拿去了？""根本不可能。"黄美美依然在流泪，"今天，我为了和你们过一个完全属于自己的生日，早就把爸爸妈妈赶到他们同事家去了。爸爸妈妈走的时候，我的IPAD明明还在。"

客串侦探的分析

"这就怪了，难道出了内贼？"费泡泡客串起了侦探，威严地扫视了一遍在场的人。

"这可不是开玩笑的事，我们可都是清白的，到现在连IPAD的影子都没看到呢！不信，你搜！"同学们连连摆手，忙不迭地撇清自己和这件事的关系。

费泡泡看着同学们一脸无辜的样子，觉得谁也不可能干出这么丢脸的事情啊！就在这时，一个人影突然在他的脑海中闪了一下："对，我怎么忘了他呢！""是谁啊？"大家异口同声地问。

"美美，你还记得吗？咱俩进门时曾遇到一个可恶的家伙，他还把我狠狠地撞了一下。"费泡泡转向黄美美说。

"嗯，我想起来了。当时我净想着过生日了，根本没去想他为什么会在我家门口出现。"黄美美说。

"我当时就觉得那个人贼眉鼠目的，不像个好人。现在看来，你的IPAD八成是被他偷的。怪不得我跟他相撞时，感觉被一个硬东西碰疼了。那个东西肯定就是你的IPAD了。走，咱们报警去！"

生日会告终，费泡泡和黄美美跑出了家门。

笨贼撞枪口上了

这时，天色已近黄昏。两人走出不远，发现夕阳下，一个人正在兜售古币。费泡泡眼尖，一眼就认出了这个人正是刚才撞过自己的那个贼！"嘿，真是贼大胆啊！偷了东西还不躲起来。"费泡泡轻轻扯

了扯黄美美的衣袖，一边向那个古币兜售商努嘴，一边悄声说。

"你敢肯定他就是撞你的人？"那人早已换了服装，黄美美已经认不出他了。"就是化成灰我也能认出他！"刚才的一撞着实让费泡泡印象深刻，至今还耿耿于怀。

"那我们去抓他？"黄美美有些犹豫。"我们俩？你以为你是警察啊？再说，你能斗过他吗？到时让他跑了不算，还打草惊蛇，给警察添乱。"

还是费泡泡想得周全。"那……你说该怎么办啊？"黄美美有些丧气。

关键时刻还是费泡泡有主意："这样，我去和他搭讪，尽量拖延时间。你赶紧去报警。等警察到了就好办了。""我怎么没想到呢？"黄美美觉得这个主意不错，就和费泡泡分头行动了。

费泡泡见黄美美走了，就走到古币兜售商面前，指着其中一个盒子问："叔叔，你这个盒子里有多少枚古币啊？我爸爸也喜欢收藏古币。"古币兜售商抬眼看了看他，知道他不会是买主，有些不耐烦地说："我有三个盒子。第一个盒子里的古币是第二个盒子的两倍，第三个盒子比第二个盒子的古币少13枚。如果把三个盒子的古币合起来，是个大于40小于50的两位数，而且这个两位数的数字之和为11。你自己算吧。"

费泡泡没想到古币兜售商也是个数学迷，暗喜道："正中我意。我就慢慢算给你看，直到把你算进监狱！"想到这里，费泡泡说："相加等于11的两个数字有：2+9，3+8，4+7和5+6，而这两个数字组成的两位数要大于40小于50，那这两个数字只可能是4和7。也就是说，你一共有47枚古币。这样一来就可以列方程喽。我们设第二个盒

子里有x枚古币，根据题意，第一个盒子里有$2x$枚古币，第三个盒子里有$(x-13)$枚，那么方程就可以列为：$2x+x+(x-13)=47$。化简得$4x=60$。我算出来了，第二个盒子里有15枚古币。"

"你还挺聪明的嘛！"、古币兜售商不禁夸道。

费泡泡见状，马上和他套起了近乎："叔叔，您一定是个古币收藏的行家。收藏到这么多古币不容易吧？您给我讲讲呗。"

想抵赖也没门

正当古币兜售商和费泡泡聊得十分热络的时候，黄美美带着警察赶到了。

警察一下子就认出了这个警察局的常客："这次又是你。上次博物馆丢失古币的事被你侥幸逃掉了，没想到这次你又犯了案。"警察看了看地上的古币，接着说："这是赃物吧？全部没收！等待博物馆来人指认。还有，有人举报你盗窃了她家的IPAD。我们要对你进行

搜查。"古币兜售商顿时傻眼了。

很快，警察从古币兜售商的包里搜出了IPAD。古币兜售商还想抵赖："这是我的，你们凭什么说是我偷的？"黄美美站出来说："既然是你的，你能让IPAD开机吗？"

古币兜售商乐了："这还不简单。" 他狞笑着打开IPAD，只见上面提示：请输入密码。

古币兜售商有些发懵，但还是强作镇定地按下了几个数字。密码不正确！连输了三次，得到的都是密码不正确的提示！黄美美看不下去了，一把抢过IPAD，说："除了我以外，没有人能输对密码。"她从容地输入了一串数字，IPAD开机了！

尾声

费泡泡和黄美美阴差阳错地帮警察破获了古币盗窃案，受到了嘉奖。当然，费泡泡也因此逃过了妈妈的臭骂。数学考砸了的阴霾彻底散尽。

❶ 如何巧设未知数？

有比较关系时，如甲比乙多8，我们一般设较小的为x，这样计算时主要用的是加法，不易出错。有倍数关系时，如甲是乙的两倍，我们设一倍量乙为x，用乘法表示其余的量，便于计算。

❷ 如何找出等量关系？

①抓住关键句找等量关系。应用题中的数量关系，一般是和差关系或倍数关系，常用"一共有""比……多""是……的几倍"等表示，在解题时可抓住这些关键句去找等量关系，列出方程。

②从隐蔽条件中找等量关系。例如，在黄美美的生日问题中，似乎只有一个数量关系：六月份所有星期六的日期相加等于80。但是它隐含着两个十分重要的条件：六月份可能有4个或5个星期六，而每个星期六的日期都比前一个星期六多7天。用上这两个条件，等量关系就很容易找到了，解题也就简单了。

小知识

方程想得周到

你相信吗？有时，方程比我们更会思考。不信，请看：爸爸32岁，儿子5岁。问几年后，爸爸的年龄是儿子的10倍。根据题意设x年后，可列方程：$32+x=10(5+x)$，解得$x=-2$。这就是说，两年前爸爸的年龄是儿子的10倍，而今后这种情况不可能再出现。怎么样？解方程前你没想到吧？

星际紧急呼救

● 比例 ●

原来，外星人也不是无所不能的，
你看，他们也得靠和平使者多巴芬来解决星际纠纷。
这个多巴芬可真不是盖的，
竟然用小小的比例轻松平息了战事。

"奥利斯"号紧急迫降

巴雷特冒险走进了密林深处，手里紧紧握着腰间的剑柄。因为他的同伴克里斯伤得很重，所以巴雷特希望能找到一些能止痛的草药，用来减轻克里斯的伤痛。巴雷特和克里斯都是罗西国的公民，既勇敢又善良。今天上午，鲁克国袭击了他们的星球，克里斯不幸中剑，鲜血直流。

罗西国是仙女座星云里一颗小星球上的一个小国家，小得你在星际图上几乎无法搜索到它的位置。但罗西国资源丰富、国富民强，人们勤劳善良，过着衣食无忧的快乐生活。而鲁克国则是飞马座的一个大星球上的超级大国，凭借比其他国家强大的军事和经济实力，经常欺负弱小的国家，霸占他们的资源。

还好，巴雷特搜寻到了一些草药。正当他给克里斯敷药时，突然，天空中传来了一阵呜哩哇啦的怪叫声。巴雷特抬起头，发现一个巨大的圆盘子从天而降，它足有一间房子那么大，上面插着一根显眼

的橄榄枝。巴雷特知道是星际和平使者多巴芬到了。

圆盘子停稳后，打开了一扇小门，并且伸出了一架舷梯。帅气的多巴芬从舷梯上走下来后，小门就自动关闭了。

原来，战争并不是人类的专利。外星球上也是冲突不断，星球之间常常会因为芝麻大的小事而大动肝火，甚至兵戎相见。为了维护星际和平与安全，人们公推多巴芬为和平使者，在必要时出面调停星际纠纷。

今天，多巴芬正开着"奥利斯"号超豪华版八引擎星际飞碟在太空巡逻，发现罗西星球硝烟弥漫，知道这里可能又发生战事了，忙紧急降落。

多巴芬临危受命

巴雷特见多巴芬走下舷梯，忙迎上去说："多巴芬先生，总算把您给盼来了。这个鲁克国实在是太欺负人了。您可一定要为我们主持

公道啊！"

多巴芬问道："先生们，你们能告诉我这儿究竟发生了什么事吗？"

巴雷特说："唉，还不是那个该死的鲁克国。他们看上了我们国家丰富的资源，就仗着自己的强盛让我们国王割让给他们一部分领土。我们国王当然不答应。于是他们就不断挑衅，还时不时派军队来偷袭我们。这不，他们今天又来了。我们伤亡惨重，我的好兄弟克里斯也受了伤。"

多巴芬俯身看了看克里斯的伤，见已无大碍，就对他们两人说："现在，你们愿意陪我到你们的国王那里走一趟吗？"

两人欣然同意。于是三人一同乘坐多巴芬的飞碟，向罗西国王那儿飞去。

小小的罗西国连受重创，已经经不起战争的折腾了。此时国王正召集大臣们商议和鲁克国讲和的事情。可是，大臣们都领教过鲁克国

的厉害，谁也不敢以身犯险，生怕自己不但当不了这个民族英雄，还会白白搭上小命。

"你们这些饭桶，一到关键时刻就歇菜。真不知道养你们有什么用！"罗西国王正在发火时，多巴芬到了。大臣们仿佛抓住了救命稻草般眼巴巴地望着他。

罗西国王无奈地说："多巴芬先生，看来这次又要你出面了。我想情况你一定已经有所了解了，再这样打下去，我们国家可能就要从这个星球上消失了。我们要和平，不要战争。请你想办法让鲁克国停火吧。"

多巴芬道："国王陛下，我正是为此事而来。维护星际和平是我的使命，我现在就去鲁克国走一趟。"

片刻，空中又响起一阵呜哩哇啦的怪叫声。最忙碌的和平使者多巴芬乘着飞碟去履行他的神圣使命了。

多巴芬的飞碟还没落地，鲁克国王就得到了情报。

"真是来者不善，善者不来啊！多巴芬多半受了罗西国的贿赂，劝我停火来了，我得想个办法对付才行。"鲁克国王想到这里，赶紧把智囊团召集过来商议。

政务院总理说："陛下，我们可不能得罪多巴芬啊。如果不给他点儿面子，我们以后还怎么在星际世界混啊？"

鲁克国王白了他一眼说："照你这么说，难道要我停火？这也太便宜罗西国了。"

军事大臣也赶紧附和："对啊，这也太有损大王您的威名了。要是以后那些小国都效仿起罗西国，造起反来，我们的日子可就难过了。"

大臣们有的主战，有的主和，讨论了半天也没个结果。鲁克国王气得大吼道："战也不是，停也不能。你们到底想让我怎么办啊？"

大殿上的气氛顿时僵住了。这时，站在角落里一直没有发言的太学院院士加斯里上前一步说："陛下，臣有个主意，不知可不可行？"

"说来听听。"鲁克国王命令道。

"臣以为……"加斯里缓缓说出了他的办法。

"就这么办了。"听完加斯里的陈述，鲁克国王一下子兴奋起来，"多巴芬这回要栽在我手里了。哈哈哈……"

数不清的铁钉

鲁克国王的笑声很快就淹没在了一阵呜哩哇啦的怪叫声中——多巴芬来了。

　　"好久不见啊，多巴芬先生。今天怎么有空到我们这儿来了？"鲁克国王佯笑着说。

　　"我来这儿的目的……我想您心里应该比我更清楚吧？"想到飞扬跋扈的鲁克国王将星际搞得乌烟瘴气的，多巴芬打心眼儿里厌恶他，觉得没必要跟他客气，便直截了当地说："您对罗西国的侵略该停止了。"

　　鲁克国王一听，顿时没了笑脸："多巴芬，你不要给点阳光就灿烂，给你点颜色你就开染坊了。你不就是一个跑腿的吗？还真把自己当盘菜了。我凭什么就得乖乖听你的啊？"

　　没想到多巴芬早有准备。他不慌不忙地从随身携带的绿色挎包里拿出一份文件，说："尊敬的国王陛下，我想这份有您亲笔签名的'星际公约'，您应该还记得吧？这上面白纸黑字地写着'每个太空公民都有义务维护星际和平，不得主动挑起战争'，您现在不会公然违约吧？如果您不知悔改，我将发动整个星际的力量来谴责您。"

　　鲁克国王有些害怕了。不过，想到加斯里的妙计，他心里又有了些底气，便嘴硬地说："要我放弃战争也可以，不过天下没有免费的午餐，你总得帮我一个小小的忙，作为交换吧？"

　　多巴芬的口气缓和了一些："说吧，只要我能办到。"

　　鲁克国王傲慢地说："刚刚我让我的仆人去采购了500根铁钉回来。前不久，我听人说，这个仆人有些嘴馋，每次让他去买东西，总会缺斤少两——他将省下来的钱都拿去买好吃的了。今天，我倒要看看这个传说是真是假。亲爱的先生，你能告诉我这堆铁钉到底有多少根吗？当然，可不能用数的哦，那样太浪费时间了。"

多巴芬巧解难题

听完鲁克国王的话，多巴芬微微一笑，说："我能借您的天平一用吗？"

鲁克国王一愣，他实在想不出天平和铁钉之间能有什么联系，暗自嘀咕："这小子八成是答不上来了，想找个台阶下。我要是不借，岂不是正好让他有了借口？"

于是，鲁克国王大方地说："当然可以。我就把我们国家最精准的天平借给你用。不过，这次你要是再答不上来，可别怪我不客气了。"

天平很快摆在了多巴芬面前。只见多巴芬不慌不忙地把一根铁钉放在天平的左端，然后在右端放上砝码。天平平衡了，原来一根铁钉的质量是2克。紧接着，他将所有铁钉一股脑儿放在天平的左端称了称，发现这些铁钉的总质量为958克。

鲁克国王有些不耐烦了，故意打着呵欠说："多巴芬先生，你这是要称多少次啊？我还要等多久才能知道答案啊？要不我先去睡一觉，回来听你说？"大臣们哄堂大笑。

多巴芬从容地说："国王陛下，我已经知道答案了。这里一共只有479根铁钉。显然传言并非空穴来风，您的仆人也许手脚真的有些不干净呢。"

国王大惊："你……你这是瞎蒙的。要想让我相信，除非你能讲出你是怎么算出来的。"

"我当然会让你输得心服口服。"多巴芬从容地说，"国王陛下，您一定记得我刚才称出的一根铁钉的质量吧？"

"2克。"国王嘟囔道。

"那现在我们就再称一下两根铁钉的质量。"多巴芬边说边拿出两根铁钉在天平上称了称，说，"嗯，两根铁钉重4克。"

鲁克国王又不耐烦了："我们都知道了。那又怎样？"

多巴芬没有理国王，自顾自地说："我们再放上3根铁钉称一下……嗯，重6克。好，仔细看着，铁钉从1根增加到2根，根数变成了原来的2倍，质量从2克变成了4克，也变成了原来的2倍；从1根增加到3根，质量从2克变成了6克，根数变成了原来的3倍，质量也相应变成了原来的3倍。现在，我问你们，10根铁钉重多少克呢？"

加斯里被多巴芬的理论迷住了，配合地说："10根是1根的10倍，质量也应该是1根的10倍。我算出来了，重20克。"

多巴芬拿出10根铁钉，在天平上称了一下质量，说："完全正确。现在，我们可以列出一个等式了：$20 \div 10 = 2 \div 1$。改成分数的形

式就是：$\dfrac{20}{10} = \dfrac{2}{1}$。像这样，两个数相除，又叫作两个数的比，比还可以用比号'：'来表示。而表示两个比相等的式子，叫作比例。通过以上验证，我们可以得出一个结论：铁钉的质量和根数是成正比例关系的。现在我只需知道所有铁钉的质量，列出比例式，就能求得铁钉的根数了。而所有铁钉的质量我们刚才已经称过了，共重958克。那么，我们可以列出一个比例式：$2:1=958:x$，把比例改成分数形式：$\dfrac{2}{1} = \dfrac{958}{x}$，解得$x=479$。"

多巴芬说完，环顾了一下四周，见国王露出半信半疑的神色，就说："国王陛下要是不信的话，可以派10位士兵分工合作，来数一下这些铁钉。"

太空重归和平

多巴芬把那堆铁钉分成10份，让国王派来的10位士兵分别来数自己负责的那份。不一会儿，士兵们接二连三地说："我这里有42根。""我这一堆有47根。""53根。""38根。""36根。""55根。""40根。""60根。""50根。""58根。"士兵一边报数，加斯里一边拿着一个计算器在算："42+47+53+……+58=479。太神奇了，完全正确！"

国王瞪了加斯里一眼，心想："你比多巴芬还兴奋。你到底是哪国的？我算是被你小子害了。"

可是，说出去的话就像泼出去的水，是再难收回的。鲁克国王只好宣布撤兵。

星际终于重归和平了。

多巴芬的总结

什么是正比例关系?

日常生活中，我们常会碰到不断变化的相关联的两个量。有的时候，一个量变大或变小的同时，另一个量也会变大或变小，但它们的比值不变。像这样，两个相关联的量，其中一个变化，另一个也随着变化，但它们的比值不变，这两个量就成正比例关系。

比例的基本性质是什么?

组成比例的四个数，叫作比例的项。两端的两项叫作比例的外项，中间的两项叫作比例的内项。在比例中，两个外项的积等于两个内项的积。这叫作比例的基本性质。比如:

平行截割定理中的比例关系

平行截割定理是：两条直线与一组平行线相交，它们被这组平行线截得的对应线段成比例。该定理还有一个推论：平行于三角形一边的直线截其他两边，截得的三角形与原三角形的对应边成比例。

挑战冰激凌

● 正比例与反比例的应用 ●

享受DIY的乐趣，做出美味的冰激凌！
你知道他们是怎么做到的吗？
读完这个故事，
你也来试试吧！

 **无聊的暑假**

　　马克和梅森是一对兄妹，他们在同一所小学上学。马克是哥哥，今年上五年级，梅森是妹妹，今年上三年级。

　　这不，暑假已经到了。兄妹俩乖乖地待在家做暑假作业。他们之所以这么听话地写作业，是因为只有暑假作业做完了，爸爸妈妈才会带他们去海岛上度假。

　　"哥哥，快帮我看看这道题怎么做。"梅森咬着笔杆，把作业本扔给了马克。小梅森觉得有个哥哥真是太幸福了，不会做的数学题、英语题都可以问哥哥，平时也能和哥哥一起玩。

　　"什么题你又不会？"马克抬起头，有些不耐烦地说。他现在正被一道数学题难住了。

　　"就是这道！"梅森指着一道分数计算题。

　　"哎呀！这个就是课本上的题目呀。"马克说，"你好好看看课本！刚放假就把学的东西还给老师啦？"

"哦！"梅森吐吐舌头，只好拿起课本认真看了起来。

半个月后……

"哦！哦！终于把作业写完了！"马克和梅森兴奋地大叫。"哥哥，咱们赶紧准备度假的东西吧。"梅森高兴得又蹦又跳，她打开柜子，把游泳衣、游泳圈全都翻了出来。马克看到妹妹收拾得那么起劲，也跟着翻箱倒柜，收拾行装。

"嘿，宝贝们，我回来了！"他们的妈妈一回家就问，"你们在干什么呢？"

"妈妈！"梅森扑到妈妈怀里说，"我和哥哥都很乖，今天已经把作业写完了。我们在收拾去度假的东西呢。我们什么时候出发呀？"

"哈哈，我的乖宝贝，"妈妈摸摸梅森的头说，"我们订的是下个星期六的机票。今天才星期三，你们有一个多星期的准备时间呢。"

"啊？"梅森一听还要等一个多星期，不高兴地说："还要等那

么久呀!"

"是呀。爸爸妈妈也要忙完工作才能带你们出去玩呀。去跟哥哥玩吧,妈妈要做饭了。"说完妈妈进了厨房。

原料大采购

第二天一早,爸爸妈妈上班去了,又留下马克和梅森两个人在家。

梅森走进马克的房间,推推还在睡觉的哥哥:"起来啦!陪我玩!"

马克只好从床上爬起来:"你想玩什么?"

梅森撒娇道:"我也不知道啊。爸爸妈妈又不在。我昨天晚上就把东西收拾好了。外面又那么热,只能待在家里了。"

马克想出了一个主意:"我们自己做冰激凌吃怎么样?"

"啊?自己做?"梅森吃惊地说,"外面不是有卖的吗?"

"你不是闲得无聊吗?"马克说,"做完以后还能享受美味,你觉得怎么样?保准比外面买来的好吃!"

梅森听说有好吃的冰激凌可以吃,马上来了精神,说:"好!我们赶紧动手吧!"

"等等——做冰激凌需要的东西我们还没买呢。"马克说。

"那还不赶快去买?"梅森一把把哥哥从床上拉下来。

"你知道做冰激凌需要什么原料吗?"马克问。

"呃……我怎么知道？"梅森说，"你是哥哥，我以为你知道呢。"

"那怎么办？"

梅森歪着脑袋想了一会儿，拍手说道："我想起来了。冰箱里还有一根冰棍，包装上肯定写了制作冰棍的原料，冰棍和冰激凌差不多啦！咱们按照上面写的去买原料不就行了吗？"

"聪明啊！"马克拍了一下梅森的肩膀，"想不到你的脑袋还挺灵光的。那根冰棍就奖励给你了。"

梅森乐呵呵地朝冰箱奔去。"哥哥，上面写着鸡蛋、牛奶、阿斯巴甜（甜味剂）。"梅森问道，"阿斯巴甜是什么呀？"

"不说是甜味剂吗？应该就是一种和糖类似的东西吧，我们用糖代替就可以。" 马克可真能对付，正说着他已经拿出了零花钱，"走吧，去超市！"

兄妹俩来到了超市。"咱们买多少鸡蛋？"梅森问。

"500克应该够了吧？"马克说，"我带的钱也不多，买8个应该差不多吧。快帮忙挑几个。"

梅森像小大人似的挑了8个鸡蛋，然后给超市的工作人员称了重量。"哥哥，495克。你说得还挺准的呀！"

马可自豪地说："那当然了，我是谁啊！然后咱们去拿牛奶！"

梅森问道："牛奶拿10袋就够了吧？"

"嗯，差不多。"马克说，"我去那边柜台拿牛奶，你在收银台等我。"

很快，马克拿着牛奶，还有做冰激凌用的模具来到了收银台。他们备齐了制作冰激凌的所有原料，拎着一大包东西回到了家里，累得满头大汗。

 初次尝试

"哥哥，赶紧做冰激凌给我吃。我热死了。"梅森一屁股坐在沙发上，气喘吁吁地说道。

"好嘞！"马克说着，把所有原料都拿到了厨房里，"你别光坐着呀，过来帮忙。"

"啊？"梅森连连叫苦，"你可真狠心啊，看我这么累了，还使唤我！"

"谁让你非嚷嚷着让我陪你玩？"马克说，"快点，拿两个鸡蛋，打到碗里。"

梅森把鸡蛋洗干净后，打到了碗里，问："然后呢？"

"用打蛋器打匀啊！就像平时你帮妈妈打鸡蛋那样。动作快点，

别跟绣花似的。"马克催着。

梅森乖乖地拿起打蛋器，"哒哒哒"地在碗里不停地搅拌起来。

其实，马克也不知道具体应该怎么做，但是他又不想让梅森看出来，在她面前出丑，只好装出一副很懂的样子。

梅森好像看出来了什么，她小声问马克："哥哥，咱们要不要上网查查怎么自制冰激凌？"

马克一听，竟然有点生气了，他故作镇静地说："按照别人的方法做多没意思。再说，这有什么难的，不就是牛奶、水和糖，加一些鸡蛋什么的，倒入模具里，再放进冷冻室里冻上就可以了吗？"

"你说得轻巧，牛奶放多少？水放多少？糖又放多少？还有鸡蛋呢？"梅森一个劲儿地追问他。

"你别着急啊，我们得一步一步地来。"马克说，"味道都是可以配出来的呀。我知道你喜欢吃甜的，那咱们就多放一点糖，行不？"

梅森高兴地点点头："多放点！多放点！"她抢过白糖的罐子，往牛奶里舀了两大勺。"还真不少放，够啦！"马克说，"下面咱们就要处理打好的蛋液了。"

"把蛋液倒入牛奶里，一冷冻不就行了吗？"梅森已经等不及了，恨不得马上吃到冰激凌。

"啊？现在鸡蛋是生的呀。生鸡蛋怎么吃啊！"马克说。

"那怎么办？要不煮一下？"梅森说。

"煮？不行。"马克是哥哥，生活经

验果然比妹妹多，"煮一下就凝固成块了，平时咱们不是经常吃煮鸡蛋吗？妈妈做汤的时候也会往汤里打一个鸡蛋，煮熟以后蛋液会凝固，怎么可能和牛奶混合在一起呢？"

"那你说到底怎么办呀！"梅森着急地说，"你到底会不会做呀！我不管了，我要吃冰激凌！"梅森甩手不干了。

"好了好了，别嚷嚷了！真是服了你了，"马克确实很为难，自制冰激凌并不像他想象的那么容易，他只好说，"还是到网上查查吧。"

他话音刚落，梅森就打开电脑，搜索自制冰激凌的方法了。"哥哥，前两个步骤我们都做对了。现在只需要把牛奶煮开，然后用勺子慢慢舀入打好的蛋液中，边倒边搅拌。将搅拌好的蛋奶液再倒回锅中，煮至微沸，关火，倒入容器中晾凉。"

"慢点说，慢点说。"马克一边说，一边手忙脚乱地操作起来，"马上就好了。"

"现在就可以倒进模具里了吧？"梅森按捺不住了。

"等晾凉了就可以了。"

一个小时后，梅森催马克："哥哥，快！把蛋奶液倒进模具里！"马克俨然是一个冰激凌师傅，把配好的蛋奶液缓缓倒入模具，然后把它放在了冷冻室的抽屉里。

"要等多久才能冻上呢？"梅森问。

"我也不知道，过两个小时再看看吧。"

两个小时后，梅森打开冰箱一看："还没冻上呢。"

又过了两个小时……梅森再次打开了冰箱，大叫道："啊？怎么还没有冻上啊？"

"你就踏实待着吧。"马克边看电视边说，"估计等爸爸妈妈下

班回来应该差不多了吧。"

"哦，那好吧。"梅森闷闷不乐地坐到马克旁边。

乐此不疲

"宝贝们，我回来了。"妈妈一进门就说，"今天在家干什么了？"

"妈妈，我们自己做了冰激凌！"梅森激动地说，"只是还不知道能不能吃。"

"哦？你们这么棒呀，能自己做冰激凌？快拿出来让我尝尝。"妈妈高兴地说。

梅森把他们自制的冰激凌拿了出来。经过八个多小时，冰激凌终于冷冻了起来。梅森用勺子舀了一勺放到嘴里，高兴地说："真甜！妈妈你尝尝。"

"嗯，味道很不错。你们可真不简单啊！"妈妈夸赞道。

马克也高兴得"嘿嘿"笑起来："味道虽然很好，但是冷冻所需的

时间太长了，我正想办法让冷冻的时间缩短一些呢。"

妈妈笑了笑，对马克说："那我提醒你一下，如果你少放一些糖，再多加一点儿水，可能会更好。"

"这样能加快冷冻速度吗？"马克好奇地问。

"你试试就知道啦！"妈妈说，"而且，你如果把热的液体放在冷冻室里，要比把冷却下来的液体放在冷冻室里冻结成冰的时间短得多。"

"真的？"马克一听，顿时来了劲头，"那我现在就试试。"说着，他动手做了起来。他听了妈妈的建议，少放了糖，还在牛奶里多加了一些水，然后把煮好的兑水牛奶缓慢倒入打好的蛋液里。

妈妈在一旁说："虽然把热东西放在冰箱里冷冻会影响冰箱的使用寿命，不过这一次就算例外吧，以后可不许经常这么做，明白吗？"

"遵命！"马克答应道。他把配好的蛋奶液倒入模具中，放在了冷冻室里。"这次冷冻起来需要多长时间？"他问妈妈。

"我也说不准具体时间，但时间肯定会短一些的。"妈妈说，"咱们可以过一个小时就来看看，顺便搅拌一下。"

"为什么要搅拌？"梅森问。

"因为里面兑了水，会有冰碴儿的，搅拌一下，冰碴儿就会少一些，吃起来口感更好呀。"

挑战成功

"嘿！这次的冰激凌味道怎么样？"马克问。

220

梅森一边吃，一边不住地点头说："好吃！虽然味道淡了一些，但是不用等太久哟！"

马克长吁了一口气，说："我终于知道其中的奥秘了。记住喽，以后我不在家，你可以自己做冰激凌吃。"

"什么奥秘？"梅森问。

"因为我多放了水，少放了糖呀！"马克认真地说，"我还真没想到，原来水的多少和冷冻时间有这么大的关系呢！你要记住了，看我这次放了多少水，下次你自己做的时候可不许偷懒，要少放糖，多放水，知道吗？"

"知道啦，要想快点吃到冰激凌，还要让冰激凌的味道好，就要算好其中的比例关系，对吗？"梅森说。

"就是这个意思。"马克说。

"哥哥，你就多试验几次吧，直到我能吃到味道好、冷冻时间短的冰激凌为止！"

"哼！美得你！"马克说，"想让我多试验几次，你不就是想多吃些冰激凌吗？想吃冰激凌，自己做！"

马克的总结

❶ 冰激凌中的正反比例

故事中，糖和牛奶的量与冷冻时间是正比例关系；水和冷冻时间是反比例关系。当冰激凌原料总量一定的时候，可以通过调整水、糖和牛奶的比例，控制冷冻的时间。糖和牛奶占的比例越多，冷冻的时间越长；相反，水占的比例越多，冷冻时间就越短。

❷ 正比例和反比例有什么用途？

知道了水、牛奶、糖与冷冻时间的正比例、反比例关系，就可以控制冷冻冰激凌的时间和冰激凌的甜度。其实，生活中有很多事都要运用正比例与反比例的关系。例如，你去学校的路程是一定的，如果你今天起晚了，为了不迟到，就必须缩短所用的时间，即加快去学校的速度。这是因为当路程一定的时候，时间与速度成反比例关系。再比如你买文具，当你花的钱一定时，文具单价越高，你买的就越少，文具单价越低，你买的就越多。

生活中的正比例

生活中有很多正比例的例子，你能想到吗？例如，写作业效率一定，写作业的总量与写作业的时间成正比例；买东西时，单价一定，钱的多少和买东西的总量成正比例；农民种庄稼，单位产量一定，种的田越多，收的庄稼越多；乘坐计程车时，单价一定，里程越多，花的车费越多等。你还能想到生活中的反比例吗？

变化的菜单
◉ 比率的应用 ◉

威尔夫妇在游乐园里开了一家餐厅，生意非常红火。
可是，对手的生意竟然比他们还好！
威尔找出原因是什么了吗？
快来看看威尔是如何反败为胜的吧！

游乐园里的"绿洲"

　　城郊东南地区新开了一家大型游乐嘉年华，它可是全国最大的游乐场。游乐嘉年华刚刚开业就吸引了很多游人，生意非常火爆。游乐场管理中心随之把每天的营业时间从9：00-18：00，改成了9：00-22：00。

　　威尔和安娜是一对年轻夫妇。今天，他们在游乐嘉年华里玩了一天，感到又累又饿，想找个小餐厅休息一会儿。可是，他们在游乐场里找了很久，都没有找到一家像样的餐厅可以提供饮料、食物和供休息的沙发或坐椅。

　　"亲爱的，不如我们就在那个快餐区买点热狗和咖啡吧，我实在走不动了。"安娜说。

　　"那好吧。"威尔答应着，"唉！咱们只能拿着热狗，在路边找个长椅歇会儿了。幸亏现在是春天，要是冬天可就惨了。偌大一个游乐场竟然连个歇脚、吃饭的地方都没有。虽然在这里玩得很开心，可

是休息的地方实在太简陋了。"

　　他们买了吃的，坐在长椅上休息，威尔突然说："安娜，不如我们在这里开一家餐厅吧。"

　　"啊？"安娜惊讶地看着威尔，"你突发奇想吗？"

　　"当然不是了，这是我最初的设想，"威尔说，"你看，我们在这里光找餐厅就找了好半天，其他人肯定也跟我们一样啊。如果我们抓住这个机会，在这里开一家餐厅，生意肯定会好的。"

　　安娜点点头："这倒是呀。可是，要想在这里开餐厅，一定很麻烦。我们还得和游乐场签合同呀。"

　　"这个你不用担心，只要我们意见达成一致，其他的事情交给我来办。"威尔信心满满地说。

　　三个月后，威尔和安娜真的在游乐嘉年华里开了一家餐厅，起名叫"游乐园绿洲"。餐厅开业当天就有很多人来到这里就餐。安娜和威尔忙得不可开交。

"老板，我要一份浓缩咖啡，"一位女士为自己要了一杯咖啡，又问她三岁的儿子，"你要喝什么？"

"鲜榨果汁！"小男孩说，"我还想吃比萨。"

"没问题！老板，我们要一份比萨套餐，比萨要培根的。饮料要一杯浓缩咖啡和一杯鲜榨果汁。"女士说道。

安娜迅速记了下来："好的。比萨要等15至20分钟，饮料要等5分钟，请您稍等。"说完把点餐的单子递给了威尔。

这时候，一个年轻的小伙子走了进来。"有现磨的咖啡吗？"他问。

"有的，先生。请问您要什么口味的？"安娜礼貌又热情地招呼道。

"摩卡，谢谢。"小伙子找了一个有阳光的位子坐了下来。

"好的，请您稍等。马上给您端来。"

不一会儿，安娜为母子俩端上了香浓的咖啡和鲜橙汁，还有一份足料的培根比萨。小男孩狼吞虎咽地吃着，称赞道："妈妈，你快吃呀，很好吃的。"那位女士也拿起一块比萨，吃了起来。"味道很不错吧？比我原来吃的都好吃。"小男孩高兴地说。

"对呀，乖儿子！"那位女士高兴地说。

刚刚走进来的客人听到小男孩的话，也纷纷点了比萨。"你们店里还有没有其他有特色的美食？"一位客人问。

"这款红酒牛肉比萨是本店的特色，您可以尝尝，还可以点比萨套餐。"安娜耐心地介绍道。

"套餐包括什么呢？"客人问。

"一份9寸的比萨，比萨口味任选，一份蔬菜或水果沙拉，还有两杯饮料。"安娜回答，"套餐最适合两个人食用了。"

"那就来一份比萨套餐吧。"客人说。

客人们对餐厅里的饮料和食物都非常满意，临走的时候还不忘竖起大拇指。

威尔和安娜的生意每天都很火爆，客人络绎不绝。游乐场里供游客吃饭的地方不多，他们的餐厅就成了游客们就餐和休息的首选。虽然威尔和安娜每天都从早忙到晚，但他们还是觉得很开心。月底的时候，他们仔细核算了一下，每天的销售额减去成本，赚了不少钱呢。两人都感到十分满足。

"一夜"暴富的对手

可是好景不长。半年后，在"游乐园绿洲"餐厅的对面开了另一家餐厅，名字叫"游园驿站"。老板是一个叫霍比特的中年人。

安娜看到对面的餐厅开业了，有些担心地对威尔说："现在对面的餐厅和咱们卖的东西都一样，咱们的生意会不会受到影响，不好做了呀？"

威尔笑着说："不会的！每天来游乐场的人那么多，到咱们餐厅来用餐的人有时候还要排队等位呢，多一家餐厅不会影响什么的！或许还能为咱们分担一些客人呢！不用担心，亲爱的。"

安娜点点头，她觉得威尔说的似乎也有道理。

"游园驿站"的生意也非常红火，客人络绎不绝。两家店虽然面

对面，可是井水不犯河水，都经营得红红火火。

一年很快过去了。这一天，威尔打开店门准备做生意，他发现对面的"游园驿站"门口挂了一个牌子，上面写着"本店最后三天营业"。

"难道经营不下去了？"威尔心里琢磨着，"不会吧，这家店每天生意都那么好，应该不至于倒闭吧！"威尔正想着，"游园驿站"的老板霍比特走了出来。

"嘿！你好啊，老弟！"霍比特热情地打招呼。

"哦，您好。"威尔礼貌地说，"您的餐厅开得好好的，怎么突然要停业了？"他问，"是生意不好吗？"

"哈哈，你也看到了我的店里每天都有那么多客人，生意好得不得了！"霍比特高兴地说。

"那是为什么呢？"威尔问。

"就是因为生意太好了，我打算把餐厅扩大一些。"霍比特说。"餐厅的面积太小了，客人多了就要等位，很不方便。所以，我想重新装修，更改一下布局，让就餐的地方大一些。"

威尔大吃一惊：刚开业一年就装修呀！自己的店比他还早半年开业，都没有多余的钱用来装修店面呢。威尔问霍比特："装修得花不少钱吧？"

"是啊！房屋的格局要改，很费事呀。墙面、地板都要重新粉刷、铺设。"霍比特回答。

"估计得多少钱？"

"最少要1万美元吧。"

"这么多！"威尔十分惊讶。他和安娜可舍不得用1万美元来装修，况且装修餐厅要花两个月的时间，这两个月又不能营业，肯定损失不少呢。"看来，您的生意真是不错呀！"威尔客气地说，"我和安娜可真是羡慕极了。"

"我也是没有办法呀。"霍比特无奈地笑笑。

秘密在这里

"您的店里什么东西卖得最好？"威尔问。

"鲜榨果汁和比萨！"霍比特说，"既健康又快捷方便，很多客人都会选择比萨套餐。"

威尔听了有点不高兴，心想，自己的店也卖这两种东西，怎么就没他卖得好呢？难道他有什么秘诀吗？威尔对霍比特说："来我的店里坐坐吧？听您这么一说，我也想装修一下店面，您给点意见吧。"霍比特一看时间还早，就跟他来到了餐厅。

"霍比特先生，你好。"安娜热情地端上了一杯现磨的咖啡，还

有一块刚刚出炉的比萨。

霍比特端起咖啡闻了闻，说："真香呀！是上好的咖啡豆磨的吧？"霍比特果然很识货，他十分享受地品着咖啡，很陶醉的样子，好像很久都没有喝过这么好喝的咖啡了。"哦！比萨的馅料可真丰富呀。"他拿起一块，津津有味地吃了起来。

"平时你们卖给顾客的也是这些吗？"霍比特一边吃着，一边随口问威尔。

"对呀！"威尔回答，"味道有什么不对吗？"

"当然不是！"霍比特说，"味道好极了。只是我觉得，你们没必要用这么好的原料呀。"

"哦？"威尔感到很诧异，"用品质最好的东西，有什么不对吗？"

"小伙子，这你就不懂了吧？"霍比特神秘地笑了笑，"做生意都像你这么实在，还怎么赚钱呀？"

"那您的意思是——"

"这种咖啡豆太贵了，来餐厅吃饭的客人都是来去匆匆，大家只想赶快吃饱。没有人会坐下来细细品味咖啡的味道。"霍比特认真地

说，"再说，没有人会因为你的咖啡豆好，或是比萨的馅料足就特地来这里吃饭。这里很少有回头客。"

"那应该选择什么样的咖啡豆呢？"

"用不着这么好的，次好的就可以了。"霍比特回答，"你仔细算算，买1千克上好的咖啡豆需要300美元，而1千克次好的咖啡豆只需要200美元，是不是？"

威尔点了点头。霍比特又接着说："假如1千克咖啡豆能磨100杯咖啡，每杯咖啡卖5美元，那么100杯咖啡就能卖500美元。如果你用上好的咖啡豆，除去咖啡豆成本300美元，机器、水电、房租的成本100美元，共计400美元，你就赚了100美元；如果你用次好的咖啡豆呢？所有成本是300美元，你就赚了200美元。所以，咖啡豆的成本占销售金额的比率越少，你赚得就越多呀。"

威尔似乎明白了其中的道理。自己店里用的都是上好的原料，所以，成本的比率太大了，获得的利润很少。而霍比特的餐厅用的是次好的原料，商品价格却跟自己的一样，成本低廉，当然挣得也多。如果自己将成本降低的话，利润也会提高的。可是，威尔转念一想，不能为了赚钱就降低质量呀。他要想个更好的办法，比霍比特经营得还要好才行。

🔲 菜单变了

"你觉得霍比特的话有道理吗？"这天晚上，威尔问安娜。

安娜想了想，摇摇头说："我觉得不好，虽然咱们现在用的是上好的原料，但并不赔钱呀，只是赚得少点。我们不能只为了赚钱就用

次好的咖啡豆呀。"

"我也同意你的说法。"威尔说，"虽然我们和霍比特店里卖的咖啡价格一样，可是好的咖啡和次的咖啡就是有本质区别的。如果换了咖啡豆，客人再来的时候发现我们以次充好，可就不好了。"

"唉！是呀！"安娜叹了口气说，"虽然我们的食物好，可是没有人家赚钱呀！他们那么快就把店面装修扩大了。我们也要想想办法呀，不然等他的店装修好了，我们的生意就更难做了。"

"对呀！"威尔恍然大悟，"我们得趁着他们装修这段时间赶快想出办法！"

威尔摊开纸笔，仔细地算了一下食物成本和销售额的关系。就以店里卖的咖啡为例，现在他们用的上好的咖啡豆，每千克300美元，每杯卖6美元，就算不算机器、水电、房租的费用，他们也要卖出50杯咖啡才能收回咖啡豆的成本。实际上，1千克咖啡豆他们能做100杯咖啡，共卖600美元，除去300美元咖啡豆的成本和100美元机器、

水电、房租的费用，净赚200美元。成本占销售额的66.7%，利润是33.3%。每杯咖啡能赚6×33.3%=2（美元）。

如果选用次好的咖啡豆的话，每杯咖啡就不能卖6美元了，要把价格降低一些，定为5美元。次好的咖啡豆每千克200美元，如果也卖出100杯的话，销售额是500美元，除去300美元成本，净赚200美元。这时，成本占销售额的60%，利润就是40%，每杯咖啡能赚5×40%=2（美元）。

如果选用质量一般的咖啡豆，每千克是100美元，每杯卖4美元，卖100杯的话，销售额400美元，成本是200美元，净赚200美元。成本占销售额的50%，利润是50%，每杯咖啡能赚4×50%=2（美元）。

显然，不管顾客选择哪种咖啡，我们每杯咖啡赚的钱是一样的。

威尔把算出来的结果给安娜讲了一遍："不如我们把菜单改一下：不同档次的咖啡卖不同的价格。顾客可以根据自己的需要选择不

同的咖啡。而且，顾客选择便宜的咖啡，我们赚得更多。"

"这个主意好！"安娜说，"不如我们把比萨也分一下档次吧。分为三种：双份馅料的、足馅料的和单份馅料的。价格也拉开差距，就像你刚才把咖啡分类一样。即使顾客都选择单份馅料的比萨，我们也能赚到50%以上的利润。"

"没问题！我这就把比萨的成本比率算出来。"

三天后，"游乐园绿洲"更换了新的菜单。

"你好，请问您需要点什么？"安娜拿着新菜单问顾客。

"请问，这三种咖啡有什么不同？"客人问，"为什么价格不一样呢？"

"我们选用不同的咖啡豆，您可以根据您喜欢的口味进行选择，如果您喜欢味道香浓一点的，可以选择这款精品咖啡。价格也很公道！"安娜热情地推荐，"如果您喜欢烘焙味道不那么浓的，可以试试这款5美元一杯的，也是不错的选择。"

"原来是这样，我就要这款5美元一杯的吧。"顾客说，"比萨要足馅料的。"

"妈妈，他们家的菜单换了呀！"说话的是之前那个喜欢吃比萨的小男孩，"我们要一份双份馅料的好不好？"

"当然可以！"那位母亲回答道。

新菜单出来以后，威尔店里的客人不但没有减少，反而增加了不少，因为客人们都有了更多的选择，这样他们可以根据自己的不同需要来消费了！威尔不但没有赔钱，反而赚得比原来更多了。

趣味数学

威尔的总结

① 什么是比率?

比率是比值转换为百分比计量的形式。例如,故事中所提到的成本占销售额的百分比就是成本的比率。比率在生活中应用得很广泛。例如,威尔在计算餐厅饮料、食物成本的时候就用到了比率。成本比率越高,利润就越低。相反,成本比率越低,利润就越高。

② 你还可以用比率做些什么事呢?

如果你想榨出味道更浓的果汁,可以加大原料的比率,缩小水的比率;农民播种需要掌握发芽率,根据发芽率的高低来选择种子;如果你想种花,就要计算种子的成活率;如果你想用花生、油菜籽榨油,就要算算哪个的出油率更高;还有工厂生产产品要保证合格率。其实,在我们的生活中比率可以说无处不在。

 小知识

"打折"是什么?

商场经常有"打折"活动。"打折"就是商品买卖中的让利、减价,是卖方给买方的价格优惠。一般来讲,"一折"就是指商品价格是原价的10%,"一五折"即为原价的15%,以此类推。折扣数越大,商品价格越高。

理财不是不可能
◉ 合理存款 ◉

你有多少压岁钱和零花钱？
是不是全花光了？
希望不是哟！
快来学学理财吧，说不定你会成为一个小富翁呢！

谁也别动我的压岁钱

"阿凡！你有多少压岁钱？"开学了，同学们凑在一起叽叽喳喳地说着压岁钱的事儿。小胖拍了拍阿凡的肩膀，骄傲地说："大人们给我的压岁钱都可以买一台新电脑了。你呢？"

"我……我，"阿凡有些不好意思地说，"我的压岁钱全交给妈妈了。"

"啊？你都多大了，压岁钱还交给家长呀？"小胖笑着说，"我爸爸妈妈从来不管我的压岁钱。我想买什么就买什么。"

阿凡看见小胖得意的样子，心里很生气。小胖又说道："不过，我也从来不乱花钱，所以爸爸妈妈很放心。"

"梅梅，我的裙子好看吗？"莉莉说，"这是小姨给我买的，奖励我期末考试考了全班第一。哦，对了。爷爷奶奶还给我买了一份人寿保险，说是对我以后有好处，反正我也不懂。"

阿凡听着同学们你一言我一语地讨论，自己根本插不上话。他心

里还在琢磨小胖说的话，自己的压岁钱都是交给爸爸妈妈，他还从来没想过要自己留着压岁钱呢。听说小胖已经可以用自己的压岁钱买一台新电脑了，阿凡羡慕得不得了。

一回到家，阿凡就对妈妈说："妈妈，我的压岁钱您能不能都还给我？"

"你要压岁钱做什么？"妈妈听到阿凡的要求，吃了一惊。

"那是我的压岁钱！小胖能花压岁钱，我为什么不能？"阿凡理直气壮地说道。

"压岁钱不是一直由我帮你保管吗？"妈妈说。

"是啊！可是从现在起我想自己保管我的压岁钱！"阿凡执拗地坚持着。

"是因为你看到同学能支配自己的压岁钱，所以你也非得自己保管压岁钱吗？"妈妈似乎有点生气了。

阿凡点点头，还蛮有理地说："那是爷爷奶奶给我的压岁钱，凭

什么你们要拿走呢？我有权支配我的压岁钱。不光是今年的，以后的压岁钱我都要自己保管，不给你们了！"

"那你告诉我，这么多压岁钱你都用来干吗呢？"妈妈问。

"嗯——我还没有想好。"阿凡支支吾吾地说，"总之，能自己买什么就买什么，说不定我也买一台电脑呢。"

"你还有花钱的地方吗？"妈妈反问道，"平时吃的、穿的、用的，爸爸妈妈都给你准备好了，你还需要这么多钱吗？"

阿凡一时不知道说什么好了，他一着急竟然对妈妈大喊起来："同学们的压岁钱都自己留着，凭什么你非要拿走我的压岁钱呢？我就不能自己理财吗？"

妈妈没想到阿凡竟然有了"理财"的想法，她心里很高兴。这时，一个念头从她的脑海里闪过：不如就趁现在教教阿凡怎么理财吧。现在阿凡已经不小了，如果教会了他如何处理手中的钱，以后给了他零花钱、压岁钱，他就不会乱花了。

妈妈说道："乖儿子，你还真提醒妈妈了。你说得对，你应该学学怎么理财了。大钱咱不会理，小钱也得会理呀！"

"是吧？"阿凡有点得意地说，"那您现在就把压岁钱还给我吧！"

"哈哈！那可不行，你还不知道怎么理财哪。"妈妈说。

"这有什么难的？"阿凡说，"我把压岁钱都塞进存钱罐里不就可以了吗？

"妈妈要是教你一个方法，能让钱变多，你愿不愿意学？"妈妈

故作神秘地说。

"有这么好的事吗？"阿凡问。

"当然有了！"妈妈说，"周末我带你去一趟银行，你先看妈妈怎么理财，怎么样？"

"那当然好了。"阿凡高兴地说。

很"酷"的理财

周六早晨，妈妈带着阿凡来到了银行。阿凡看到银行大厅里的屏幕上显示了一张很大的表格，上面标注着存期和年利率。

阿凡不明白，就问妈妈："年利率是什么？"

妈妈解释说："你看到的是定期存款利率，意思就是说，如果存不同的期限，就会得到不同的存款利息。利息＝本金×利率×存款年限。比如说，你有10000元，如果存一年定期的话，利息就是10000×1.50%×1＝150（元），这是存款利息，由银行支付给你。如果你存三年，利息就是10000×2.75%×3＝825（元）。你选择的存期越长，所得的利息就越高。"

"哦！我明白了！"阿凡说，"那我存五年，是不是利息就更多了？"

"傻孩子，你看上面有五年的存期吗？"妈妈笑着说。

"对哦！最多三年期。"阿凡嘿嘿一笑，"我算一下，三年能有

人民币存款利率表2015年10月

项目	年利率（%）
城乡居民及单位存款	
（一）活期存款	0.35
（二）定期存款	
整存整取	
三个月	1.10
六个月	1.30
一年	1.50
二年	2.10
三年	2.75

多少利息。妈妈，我们要存多少钱？"

"你的压岁钱自己还不知道有多少？"

"我真的不知道嘛，压岁钱都给您了。"

"不到30000元钱，我给你添了一点，凑了一个整数30000元。"
妈妈说。

"啊？这么多啊！本金是30000元，三年存期的利率是2.75%，三
年后的利息就是30000×2.75%×3＝2475（元）。"阿凡仔仔细细地
算着。

"怎么样？利息不少吧？"妈妈说，"30000元要是放在你的存
钱罐里，三年后还是30000元，要是存入银行，你就有2475元的利
息，是不是很划算？"

"对啊！"阿凡十分惊讶，"没想到能有这么多利息呀！"

"怎么样？学会一招了吧？"

"妈妈，那咱们就存三年定期的吧。"阿凡说。

"三年可以啊，利息也高。不过，如果存三年定期的，其间你

是不能取钱的哦。必须等三年到期以后，你才能连本金和利息一起取出来。"妈妈说。

"啊？那我要是哪天急需用钱了怎么办？"阿凡问道。

"假如你已经存了二年了，突然有一天急需用钱，你也可以把钱取出来，只是利率就不按2.75%计算了。"

"那利率是多少？"

"按活期的利率算啊，上面不是写着吗？0.35%。"

"这么少啊！"阿凡算了算，"要是0.35%的利率，利息就是30000×0.35%×2=210（元）。这么少啊！"

"是呀！"妈妈说，"所以你可要慎重作出选择哟！"

"嗯——"阿凡犯了难，不知道该怎么选了，"三年的利息是很可观的！要不咱们就存三年吧。"

"哈哈！"妈妈笑着说，"想不到你还是个小财迷呀！不过，我可要告诉你哟，银行的利率是经常变动的，或许明年定期存款三年的利率就涨了，变成3.00%了也说不定。但是你存的三年定期存款利率依然按你存入当年的利率算。利率涨了的话，你算算，是不是少了不少利息？"

"还有这回事哪？"阿凡还真是第一次听说，"利率要是涨到3.00%，三年利息就是30000×3.00%×3=2700（元），多了225元哪！"

"对呀！"妈妈说，"你说现在存三年是不是很亏呢？"

"妈妈，要不咱们就存一年，等到期了再继续存？"

"这也是个不错的办法！"妈妈说，"那你算算存一年定期的，

连续存三年，利息是多少？有没有三年的利息多？"

"第一年的利息是30000×1.50%×1=450（元）。"阿凡仔细地算着，"第二年的本金就变成了30000+450=30450（元），第二年的利息=30450×1.50%×1=456.75（元）。以此类推，第三年的利息就是463.60元。三年总利息=450+456.75+463.6=1370.35（元）。比存三年定期的利息少1104.65元。"阿凡感叹道，"可少了不少呢！"

"你算得没错。"妈妈说，"所以说，三年的定期存款利息虽然高，可一但存入，三年之内就不能用这笔钱，否则就损失高额利息了，而且利率一旦上涨了，还不能跟着调息；一年的定期存款虽然利息少，但是如果利率上涨了，第二年再继续存就可以享受新利率，只是利息确实少好多呀，还有可能不调息呢！"

"哎呀！妈妈——"阿凡都快被弄糊涂了，"你说的都有道理，我们到底要选择哪个才划算呢？"

　　"各有各的好处，你既想要高利息，又想要用钱灵活，可没那么好的事。"妈妈说。

　　"鱼与熊掌不可兼得啊！"阿凡好像明白了妈妈的心思，笑着说，"妈妈，你一定有办法，对不对？"

　　"你怎么知道？"妈妈笑着说。

　　"我的妈妈最棒了！"阿凡说道，"快告诉我呗！"

　　妈妈笑着说："我告诉你一个方法，让你每年都能拿到利息。我把30000元分成三份，每份是10000元。第一份我存一年的定期存款，第二份我存两年的定期存款，第三份我存三年的定期存款。"

　　"这是为什么呢？存期一年和两年的年利率可比存三年的低多了呀！"阿凡不解地问。

　　"你别着急啊！听我说，"妈妈耐心地讲，"我说的这个方法叫'阶梯储蓄法'。"

　　"阶梯储蓄法？这是什么存款方法？"阿凡问。

　　"今年是2016年，第一份10000元存一年，2017年到期；第二份10000元存两年，2018年到期，第三份10000元存三年，2019年到期。"

　　"这个我明白。"阿凡说，"这样做有什么好处呢？"

　　"这样存款，就能保证每年这个时候，你都能有一笔存款到期，拿到利息啊！"妈妈说。

　　"什么意思？"

　　"第一份存款到期后，转存为三年的定期存款，2016年存入，

2019年到期；第二份存款到期后，也转存为三年的定期存款，2018年存入，2021年到期；第三份存款到期后，接着存为三年定期存款，2019年存入，2022年到期。此后，每笔存款到期后，你都可以继续存为定期为三年的存款。以此类推，你每年都能有一笔钱到期，能够拿到利息对不对？"

阿凡听妈妈这么一说，真是佩服得五体投地，他说道："妈妈，您真厉害！"

妈妈笑了笑，说道："以后每份存款到期后，你都可以继续存为三年定期存款。存款到期后，你可以取一部分利息出来，当作你的零花钱。"

阿凡高兴地说："对啊！这样我也不用向您要零花钱了！我怎么就没想到这么好的方法呀。可是，我还有一个问题。"

	2016	2017	2018	2019	2020	2021	2022
10000元	存	利/存			利/存		
10000元	存		利/存			利/存	
10000元	存			利/存			利/存

"什么问题？"妈妈问道。

"这样存款划不划算呀？"阿凡说，"定期存一年或者两年，我可少了不少利息呢！"

"哈哈！我早猜到你会这么想。"妈妈说，"你要是想定期存款得到最多的利息，存三年的利息最多。其他的存期肯定没有三年的多呀。这样做的弊端刚才不是给你讲明白了吗？"

阿凡点头说道："所以，'阶梯存储法'解决了这个问题，对吧？虽然前两年的存期短一些，但是两年以后，每笔存款都是定期三年的，利率虽然没有三年的利率高，但是比一年的利率高多了。而且，每年都会有一笔钱到期，即使利率调整了，利息也不会有损失。"

"对啊！"妈妈笑着说，"阿凡最聪明了。这下你知道妈妈是怎么理财的了吧？"

"理财还真不是一个简单的问题呀！"阿凡说，"幸亏您之前没把压岁钱给我，要不然可损失了不少利息呢！"

"你现在还怪妈妈吗？"

"不怪您了。我还要谢谢您帮我理财呢。"阿凡笑着说，"以后的压岁钱，我还是全都交给您。"

"不！以后你自己的压岁钱全部由你自己理财，"妈妈说，"要不然，妈妈今天为什么带你来呢？"

① 利率

利率又称利息率，表示一定时期内利息量与本金的比率，通常用百分比表示，按年计算则称为年利率。其计算公式是：利率=利息量÷本金÷时间×100%。

② 如何选择合适的存款种类？

存款的种类有很多，分为活期存款和定期存款。定期存款又分为整存整取、零存整取、整存零取、存本取息、定活两便。存款者选择较长的存期，可以获得较高的利息；选择较短的存期，用钱更灵活，但利息会相对较低。

③ "阶梯储蓄法"的优势

对于有条件的储户来说，阶梯储蓄法使储蓄到期保持等量平衡，既能应对银行对利率的调整，又可以获得定期存款的较高利息，是一种比较合理的储蓄方式。

什么是"定活两便"？

定活两便是一种事先不约定存期，一次性存入，一次性支取的储蓄存款。当资金有较大额度的结余，但在不久的将来须随时全额支取使用时，就可以选择"定活两便"的储蓄存款形式。定活两便储蓄存款是银行最基本、最常用的存款方式之一。

图书在版编目（CIP）数据

趣味数学／龚勋主编. —汕头：汕头大学出版社，
2016.8（2024.2重印）
　　（新阅读）
　　ISBN 978-7-5658-2694-8

I. ①趣… Ⅱ. ①龚… Ⅲ. ①数学—少儿读物 Ⅳ.
①O1-49

中国版本图书馆CIP数据核字（2016）第164088号

PICTURES AND DRAWINGS

Interesting
Math

趣味数学

总策划	邢涛	**印　刷**	水印书香（唐山）印刷有限公司
主　编	龚勋	**开　本**	720mm×1020mm 1/16
责任编辑	宋倩倩	**印　张**	15.75
责任技编	黄东生	**字　数**	252千字
出版发行	汕头大学出版社	**版　次**	2016年8月第1版
	广东省汕头市大学路243号	**印　次**	2024年2月第13次印刷
	汕头大学校园内	**定　价**	19.80元
邮政编码	515063	**书　号**	ISBN 978-7-5658-2694-8
电　话	0754-82904613		